四川省生态环境政策法制研究会
团体标准汇编

四川省生态环境政策法制研究会
四川省环境政策研究与规划院 ◎编

西南交通大学出版社
·成 都·

图书在版编目（CIP）数据

四川省生态环境政策法制研究会团体标准汇编 / 四川省生态环境政策法制研究会，四川省环境政策研究与规划院编. -- 成都：西南交通大学出版社，2024.12.
ISBN 978-7-5774-0274-1

Ⅰ.X-012

中国国家版本馆CIP数据核字第2024B1Q386号

Sichuan Sheng Shengtai Huanjing Zhengce Fazhi Yanjiuhui Tuanti Biaozhun Huibian
四川省生态环境政策法制研究会团体标准汇编

四川省生态环境政策法制研究会 编	策划编辑／王　旻
四川省环境政策研究与规划院	责任编辑／王　旻
	封面设计／曹天擎

西南交通大学出版社出版发行
（四川省成都市金牛区二环路北一段111号西南交通大学创新大厦21楼　610031）
营销部电话：028-87600564　　028-87600533
网址：http://www.xnjdcbs.com
印刷：成都蜀通印务有限责任公司

成品尺寸　210 mm×285 mm
印张　9　　字数　219千
版次　2024年12月第1版　　印次　2024年12月第1次

书号　ISBN 978-7-5774-0274-1
定价　58.00元

图书如有印装质量问题　本社负责退换
版权所有　盗版必究　举报电话：028-87600562

《四川省生态环境政策法制研究会团体标准汇编》编写委员会名单

主　　编：赵乐晨

副主编：罗　彬　王　恒　陈明扬

成　　员：张　璐　刁　剑　谢义琴　吕瑞斌

　　　　　王金华　尹家伟

前 言

2017 年 11 月，修订颁布的《中华人民共和国标准化法》首次确立了团体标准的法律地位，将团体标准纳入我国标准体系，鼓励学会、协会、商会、联合会、产业技术联盟等社会团体协调相关市场主体共同制定满足市场和创新需要的团体标准。四川省生态环境政策法制研究会作为政府、企业及相关技术机构之间沟通和联系的重要纽带，自成立以来，为推动全省生态环境政策法制工作发挥了重要作用。为进一步发挥市场作用，以先进标准引领行业创新发展，四川省生态环境政策法制研究会于 2021 年正式启动了团体标准化工作。

本书汇编了由四川省生态环境政策法制研究会自开展团体标准化工作以来发布的 7 项团体标准，包括：指导生态环境领域团体标准、企业标准编制的《四川省生态环境团体标准编制指南》(T/SEEPLA 01—2022) 和《四川省生态环境企业标准编制指南》(T/SEEPLA 02—2022)；指导和规范第三方环保管家服务单位向政府部门、产业园区、企业提供环保管家服务相关活动的《四川省第三方环保管家服务规范》(T/SEEPLA 03—2022)；指导山地丘陵村镇社区及周边土壤—壤中流—地表水体水土环境协同修复的《山地丘陵村镇水土环境协同修复技术指南》(T/SEEPLA 04—2023)；指导四川省声环境质量自动监测系统质量保证与质量控制工作开展的《四川省声环境质量自动监测系统质量保证与质量控制规范》(T/SEEPLA 05—2024)；指导实验室水质高锰酸盐指数、化学需氧量自动分析仪使用前方法验证工作开展的《实验室方法验证技术规范 水质高锰酸盐指数自动分析仪》(T/SEEPLA 06—2024) 和《实验室方法验证技术规范 水质化学需氧量自动分析仪》(T/SEEPLA 07—2024)。供相关工作人员参考使用。

《四川省生态环境政策法制研究会团体标准汇编》
编写委员会
2024 年 9 月

目 录

四川省生态环境团体标准编制指南（T/SEEPLA 01—2022）·················· 1

四川省生态环境企业标准编制指南（T/SEEPLA 02—2022）·················· 17

四川省第三方环保管家服务规范（T/SEEPLA 03—2022）·················· 35

山地丘陵村镇水土环境协同修复技术指南（T/SEEPLA 04—2023）·················· 51

四川省声环境质量自动监测系统质量保证与质量控制技术规范（T/SEEPLA 05—2024）·················· 71

实验室方法验证技术规范 水质高锰酸盐 指数自动分析仪（T/SEEPLA 06—2024）·················· 97

实验室方法验证技术规范 水质化学需氧量自动分析仪（T/SEEPLA 07—2024）·················· 117

ICS 13.020.10
CCS Z.00

团 体 标 准

T/SEEPLA 01—2022

四川省生态环境团体标准编制指南

Guidelines for the preparation of ecological environment group standards in Sichuan Province

2022－02－10发布　　　　　　　　　　2022－02－10实施

四川省生态环境政策法制研究会　发 布

T/SEEPLA 01—2022

目　次

前　言 ··· 3
1　范围 ··· 4
2　规范性引用文件 ··· 4
3　术语和定义 ··· 4
4　基本原则 ··· 5
5　编制人员要求 ·· 5
6　标准分类 ··· 5
7　编制技术要点 ·· 6
附　录 A（资料性）团体标准编写模板 ··· 8

T/SEEPLA 01—2022

前 言

本文件按照 GB/T 1.1—2020《标准化工作导则 第 1 部分：标准化文件的结构和起草规则》的规定起草。

本文件的发布机构不承担识别专利的责任。

本文件由四川省环境政策研究与规划院提出。

本文件由四川省生态环境政策法制研究会归口。

本文件起草单位：四川省环境政策研究与规划院。

本文件主要起草人：罗彬、王恒、张璐、谢义琴、寇春燕、李丁、杨敏、吕瑞斌、王金华、毕钰聆。

本文件版权归四川省生态环境政策法制研究会所有。未经事先书面许可，本文件的任何部分不得以任何形式或任何手段进行复制、发行、改编、翻译、汇编或将本文件用于其他任何商业目的。

T/SEEPLA 01—2022

四川省生态环境团体标准编制指南

1 范围

本文件规定了四川省生态环境团体标准编制的基本原则、编制人员要求、标准分类和编制技术要点等内容。

本文件适用于四川省生态环境领域团体标准的编制。

2 规范性引用文件

下列文件中的内容通过文中的规范性引用而构成本文件必不可少的条款。其中，注日期的引用文件，仅该日期对应的版本适用于本文件；不注日期的引用文件，其最新版本（包括所有的修改单）适用于本文件。

GB/T 1.1—2020 标准化工作导则 第1部分：标准化文件的结构和起草规则

3 术语和定义

下列术语和定义适用于本文件。

3.1
生态物质产品 material product of ecosystem

生态系统通过生物生产及其与人工生产相结合为人类提供的物质产品，包括良好生态系统直接带来的农畜产品、清洁水源、可再生能源等优质物质，以及通过清洁生产、循环利用、降耗减排等途径，减少对生态资源的消耗生产出来的有机食品、绿色农产品、生态工业品等有形物质产品。

3.2
生态服务产品 service product of ecosystem

人们从生态系统中获取的各种惠益，包括生态调节服务和生态文化服务。

3.3
生态调节服务 regulating services of ecosystem

人们从生态系统中获取的水土保持、水源涵养、洪水调蓄、气候调节、空气净化、水质净化、固碳释氧、病虫害防治等享受性惠益。

3.4
生态文化服务 cultural services of ecosystem

人们从生态系统中获取的丰富精神生活、生态认知与体验、自然教育、休闲游憩和美学欣赏等体验性惠益。

4 基本原则

4.1 开放透明

社会团体宜向所有成员单位开放提议标准制修订项目需求的渠道，并通过适当的渠道向所有成员公布团体标准制修订工作进展等方面的信息，确保成员能够有机会参与团体标准制修订活动。社会团体宜通过公开的渠道对外公开与团体标准编制有关的信息。

4.2 公平协商

团体标准内容应当确保成员享有与成员身份相对应的权利，并承担相应的义务。团体标准编制宜以协商一致为原则，按照标准制定程序考虑利益相关方的不同观点，协调争议，妥善解决对于实质性问题的反馈意见，获得团体成员的普遍同意。

4.3 开拓创新

制定生态环境团体标准应当以满足市场和创新需要为目标，聚焦新技术、新产业、新业态和新模式，在没有国家、行业和地方生态环境标准的情况下制定团体标准，填补标准空白。鼓励社会团体制定高于国家、行业和地方推荐性生态环境标准相关技术要求的团体标准，推动行业技术创新和进步。

4.4 相互衔接

生态环境团体标准应与国家、地方产业政策相适应，技术要求不得低于强制性国家、行业和地方生态环境标准的相关技术要求。团体标准宜符合市场、贸易需求，不妨碍公平竞争，不限制团体标准实施者基于团体标准开发竞争性技术和进行技术创新，促进行业的健康发展。

5 编制人员要求

从事生态环境团体标准编制工作的主要起草人员应有扎实的技术基础、过硬的行文功底和必要的标准化工作经验。

6 标准分类

6.1 污染防治技术类标准

以填补国家和地方污染防治工程技术空白为重点，研究制定的水、大气、土壤、噪声、固废、农业面源等方面污染防治技术类标准。

6.2 环境保护产品技术要求类标准

为防治环境污染、改善生态环境、保护自然资源，研究制定的环保设备、环境监测专用仪器和相关的药剂、材料等环境保护产品技术要求类标准。

6.3 生态产品技术要求类标准

以贯彻落实生态优先、绿色发展理念，推进生态产品价值实现为目标，研究制定的生态物质产品和生态服务产品技术要求类标准。

6.4 生态环保服务要求类标准

在环保设施社会化运营、第三方环境监测（检测）、环境咨询、环境监理等领域研究制定的生态环保服务要求类标准。

6.5 团体管理类标准

为规范社会团体内部管理工作的技术要求，研究制定的团体管理类标准。

7 编制技术要点

7.1 技术路线

以生态环境团体标准的核心技术要素为重点，按照现状调查分析、趋势分析研判、要求与指标（目标）分析、判定（评价）方法分析、质量控制与保障措施分析等构建链条式技术路线，开展团体标准编制工作。

7.2 资料收集

制定标准需要收集国内外相关标准情况，行业（产业）背景情况、产业发展政策，国家和四川省有关生态环境保护政策、法律、法规、规划等资料，并进行分类整理和初步分析。

7.3 现状调查

通过研讨座谈、问卷调查、现场踏勘等方式对行业（产业）发展情况、技术发展情况、污染物排放与治理情况等进行深入调查，必要时可开展现场监测（检测），收集最新数据资料进行测算分析。

7.4 资料验证

对于资料中的技术数据和试验方法，应进行充分的、科学的验证。数据的确定应体现科学性、先进性、现实性和经济性。试验方法应尽可能选择通用的方法。

7.5 标准编制核心技术要素

7.5.1 污染防治技术类标准

污染防治技术类标准应根据所采取工艺的特点或所处理污染物的特征以及标准的类别来选择，主要包括污染物与污染负荷、总体要求、工艺设计、主要工艺设备和材料、检测与过程控制、主要辅助工程、劳动安全与职业卫生、运行与维护等内容。

7.5.2 环境保护产品技术要求类标准

环境保护产品技术要求类标准应明确技术要求、试验方法、检验规则、标志、包装、运输和贮存等内容，环境监测专用仪器团体标准还应包括测定范围、性能要求、操作说明及校验等内容。

7.5.3 生态产品技术要求类标准

生态产品技术要求类标准分为生态物质产品技术要求类和生态服务产品技术要求类两种，标准编制核心技术要素如下：

a) 生态物质产品技术要求类标准应基于产品生命周期的全过程，从资源属性指标、能源属性指标、环境属性指标和品质属性指标等进行合理设计。

b) 生态服务产品技术要求类标准分为生态调节服务和生态文化服务两类，生态调节服务标准应考虑生态区位、环境质量和资源禀赋、生态环境容量、生物多样性、生态溢出、生态足迹等因素，生态文化服务标准应考虑服务供给的服务面向、市场细分、顾客群体、空间距离、停留时间、消费者偏好、支付能力和支付意愿等因素。

7.5.4 生态环保服务要求类标准

生态环保服务要求类标准应有明确的工作要求、工作程序、服务内容、服务保障等内容，内容科学合理，针对性和可操作性强，有利于规范生态环保服务市场行为。

7.5.5 团体管理类标准

团体管理类标准应根据所规定的主要事项进行选择，主要包括基本原则、工作/人员要求、工作程序等内容

7.6 编写规则

社会团体按照《标准化工作导则 第1部分：标准化文件的结构和起草规则》（GB/T 1.1—2020）和生态环境标准制订技术导则制定统一的标准编写规则，包括生态环境团体标准的结构、起草表述方法、格式等内容，以提高生态环境团体标准的适用性。社会团体在编制生态环境团体标准时，可参照附录A编写。

T/SEEPLA 01—2022

附 录 A
（资料性）
团体标准编写模板

团 体 标 准

T/SEEPLA XXXXX—XXXX

XXXXXX（标准中文名称）

XXXXXXXXXXXX

（征求意见稿/送审稿/报批稿）

XXXX - XX - XX 发布　　　　　　　　　　　　XXXX - XX - XX 实施

四川省生态环境政策法制研究会　发布

T/SEEPLA XXXXX—XXXX

目　次

前言	II
引言	III
1 范围	1
2 规范性引用文件	1
3 术语和定义	1
4 XXXXXX	1
5 XXXXXXX	1
6 XXXXXXXXX	2
附录A（资料性/ 规范性） XXXXXXXXXXX	3
参考文献	4
索引	5

T/SEEPLA XXXXX—XXXX

前 言

本文件按照GB/T 1.1—2020《标准化工作导则 第1部分：标准化文件的结构和起草规则》的规定起草。

请注意本文件的某些内容可能涉及专利。本文件的发布机构不承担识别专利的责任。

本文件由XXXXXXXXXXXX提出。

本文件由四川省生态环境政策法制研究会归口。

本文件起草单位：。

本文件主要起草人：。

引 言

在引言中通常给出下列背景信息：
——编制该文件的原因、编制目的、分为部分的原因以及各部分之间关系、等事项的说明；
——文件技术内容的特殊信息或说明。

如果编制过程中已经识别出文件的某些内容涉及专利，应按照规定给出有关内容。如果需要给出有关专利的内容较多时，可将相关内容移作附录。

T/SEEPLA XXXXX—XXXX

XXXXXXXXXX（标准中文名称）

1 范围

本文件规定了XXXXXXXXX。
本文件适用于XXXXXXXXXXXXXXXXXX。

2 规范性引用文件

下列文件中的内容通过文中的规范性引用而构成本文件必不可少的条款。其中，注日期的引用文件，仅该日期对应的版本适用于本文件；不注日期的引用文件，其最新版本（包括所有的修改单）适用于本文件。

3 术语和定义

本文件没有需要界定的术语和定义。

3.1
中文名称 English
××××××××××××
[来源：GB/T XXXX-XXXX，X.X]

4 XXXXXX

4.1 XXXXXXXXXX。

4.2 XXXXXXXXXX。

4.3 XXXXXXXXXX 见图1。

图1 XXXXXXXX 图

5 XXXXXXX

5.1 XXXXXXXXXX。

5.2 XXXXXXXXXX 应符合表1的规定。

T/SEEPLA XXXXX—XXXX

表1 XXXXXXXXXX

6 XXXXXXXXX

6.1 XXXXXXXXXX。

6.1.1 XXXXXXXXXXXXXXXXXXXXXX。

6.1.2 XXXXXXXXXX 应包括下列内容。

  a) XXXXXXXXXX；
  b) XXXXXXXXXX 参见附录 A；
  c) XXXXXXXXXX；
  d) XXXXXXXXXX。

附 录 A
（资料性/规范性）
XXXXXXXXXXX

A.1 XXXXXXXXXXXXXXXXX。

表A.1 XXXXXXXXX 表

参 考 文 献

[1]GB XXXX-XXXX　XXXXXXXXXXXX
[2]GB/T XXXX-XXXX　XXXXXXXXXXXX
[3]DB XXXX-XXXX　XXXXXXXXXXXX

索 引

该要素由索引项形成的索引列表构成。索引项以文件中的"关键词"作为索引标目,同时给出文件的规范性要素中对应的章、条、附录和/或图、表的编号。索引项通常以关键词的汉语拼音字母顺序编排。为了便于检索可在关键词的汉语拼音首字母相同的索引项之上标出相应的字母。

ICS 13.020.10
CCS Z.00

团 体 标 准

T/SEEPLA 02—2022

四川省生态环境企业标准编制指南

Guidelines for the preparation of ecological environment enterprise standards in Sichuan Province

2022 - 02 - 10 发布　　　　　　　　　　　　　　2022 - 02 - 10 实施

四川省生态环境政策法制研究会　发 布

目　次

前　言 ··· 19
1 范围 ·· 20
2 规范性引用文件 ··· 20
3 术语和定义 ··· 20
4 基本原则 ·· 21
5 编制人员要求 ·· 21
6 标准分类 ·· 22
7 编制技术要点 ·· 23
附　录 A （资料性）企业标准编写模板 ·· 25

前 言

本文件按照 GB/T 1.1—2020《标准化工作导则 第 1 部分：标准化文件的结构和起草规则》的规定起草。

本文件的发布机构不承担识别专利的责任。

本文件由四川省环境政策研究与规划院提出。

本文件由四川省生态环境政策法制研究会归口。

本文件起草单位：四川省环境政策研究与规划院。

本文件主要起草人：罗彬、王恒、张璐、谢义琴、寇春燕、李丁、杨敏、吕瑞斌、王金华、毕钰聆。

本文件版权归四川省生态环境政策法制研究会所有。未经事先书面许可，本文件的任何部分不得以任何形式或任何手段进行复制、发行、改编、翻译、汇编或将本文件用于其他任何商业目的。

T/SEEPLA 02—2022

四川省生态环境企业标准编制指南

1 范围

本文件规定了四川省生态环境企业标准编制的基本原则、编制人员要求、标准分类和编制技术要点等内容。

本文件适用于四川省生态环境领域企业标准的编制。

2 规范性引用文件

下列文件中的内容通过文中的规范性引用而构成本文件必不可少的条款。其中，注日期的引用文件，仅该日期对应的版本适用于本文件；不注日期的引用文件，其最新版本（包括所有的修改单）适用于本文件。

GB/T 1.1—2020 标准化工作导则 第1部分：标准化文件的结构和起草规则

3 术语和定义

下列术语和定义适用于本文件。

3.1
生态物质产品 material product of ecosystem

生态系统通过生物生产及其与人工生产相结合为人类提供的物质产品，包括良好生态系统直接带来的农畜产品、清洁水源、可再生能源等优质物质，以及通过清洁生产、循环利用、降耗减排等途径，减少对生态资源的消耗生产出来的有机食品、绿色农产品、生态工业品等有形物质产品。

3.2
生态服务产品 service product of ecosystem

人们从生态系统中获取的各种惠益，包括生态调节服务和生态文化服务。

3.3
生态调节服务 regulating services of ecosystem

人们从生态系统中获取的水土保持、水源涵养、洪水调蓄、气候调节、空气净化、水质净化、固碳释氧、病虫害防治等享受性惠益。

3.4

生态文化服务 cultural services of ecosystem

人们从生态系统中获取的丰富精神生活、生态认知与体验、自然教育、休闲游憩和美学欣赏等体验性惠益。

4 基本原则

4.1 协调统一

制定生态环境企业标准应与现行的国家标准、行业标准、地方标准、团体标准保持协调一致，不得与强制性标准相抵触；应遵守现行基础标准的有关条款，保持与基础标准的协调统一；企业内的企业标准之间应协调一致。

4.2 先进合理

制定生态环境企业标准应把握好先进性与合理性的尺度，在采用先进技术的同时还要考虑经济合理性，既要满足当前市场需求，又要考虑科学技术的最新发展，鼓励企业积极采用国际标准和国外先进标准。

4.3 科学适用

制定生态环境企业标准应具有可操作性，便于直接使用，既要符合生产、流通、使用、管理和服务的实际需要，还要符合我国政治、经济、法律、政策以及我国人民群众的生活习惯。

4.4 开拓创新

制定生态环境企业标准应当以满足市场和创新需要为目标，聚焦新技术、新产业、新业态和新模式，在没有国家、行业、地方和团体生态环境标准的情况下制定企业标准，填补标准空白。鼓励企业制定高于国家、行业、地方和团体推荐性生态环境标准相关技术要求的企业标准，推动行业技术创新和进步。

5 编制人员要求

从事生态环境企业标准编制工作的主要起草人员应有扎实的技术基础、过硬的行文功底和必要的标准化工作经验。

6 标准分类

6.1 技术要求类标准

6.1.1 产品技术要求

为防治环境污染、改善生态环境、保护自然资源，研究制定的环保设备、环境监测专用仪器和相关的药剂、材料等环境保护产品技术要求类企业标准。以贯彻落实生态优先、绿色发展理念，推进生态产品价值实现为目标，研究制定的生态物质产品和生态服务产品技术要求类标准。

6.1.2 工艺技术要求

为防治环境污染，改善生态环境质量，规范污染治理工程建设与运行，研究制定的企业清洁生产、污染治理等工艺技术要求类标准。

6.1.3 方法技术要求

在尚无相应国家或地方生态环境监测分析方法标准或技术规范时，可以制定企业生态环境监测分析方法标准或技术规范。对应标准在国家或地方标准实施后，企业标准将不再执行。

6.2 管理要求类标准

6.2.1 污染物排放管理要求

为明确企业污染物排放要求，对国家、行业、地方污染物排放标准进行选择或补充，研究制定的企业污染物排放管理标准。

6.2.2 厂区车间环境管理要求

为加强厂区车间现场规范化管理，营造良好的环境卫生场所，保障员工身体健康，研究制定的企业厂区车间环境管理规范类标准。

6.2.3 机构人员管理要求

为加强和规范企业环保管理机构及人员配置，依法落实环境保护主体责任，不断提高企业环境管理水平，研究制定的企业环保管理机构及人员管理标准。

6.3 工作要求类标准

为明确企业环境管理人员、监督人员、监测（检测）人员等任职者的资格与条件，研究制定的企业环保类工作人员任职资格标准。

7 编制技术要点

7.1 技术路线

以生态环境企业标准的核心技术要素为重点，按照现状调查分析、趋势分析研判、要求与指标（目标）分析、判定（评价）方法分析、质量控制与保障措施分析等构建链条式技术路线，开展企业标准编制工作。

7.2 资料收集

制定标准需要收集国家有关法律法规、标准对象的有关技术数据和试验方法、国内外有关标准及技术法规等资料、标准化对象有关的科技成果资料、与生产有关的资料等。资料的筛选和分析应遵循实事求是原则，在现有经济、技术基础上，充分考虑企业、用户的实际，对收集的资料进行筛选和分析，剔除不真实、不可靠、不切合企业实际的信息资料，以确保资料真实性、可靠性。

7.3 现状调查

根据标准所涉及的内容和适用范围，主要从国内外的现状和发展方向，有关最新科技成果，市场需求和期望，生产（服务）过程及市场反馈的统计资料、技术资料、技术数据、国家标准、国外先进标准和技术法规及国内有关标准的现状等方面进行深入的调查研究。必要时可开展现场监测（检测），收集最新数据资料进行测算分析。

7.4 资料验证

对于资料中的技术数据和试验方法，应进行充分的、科学的验证。数据的确定应体现科学性、先进性、现实性和经济性。试验方法应尽可能选择通用的方法。

7.5 标准编制核心技术要素

7.5.1 技术要求类标准

7.5.1.1 产品技术要求分为环境保护产品技术要求、生态物质产品技术要求和生态服务产品技术要求三类，标准编制核心技术要素如下：

a) 环境保护产品技术要求类标准应明确技术要求、试验方法、检验规则、标志、包装、运输和贮存等内容，环境监测专用仪器企业标准还应包括测定范围、性能要求、操作说明及校验等内容。
b) 生态物质产品技术要求类标准应基于产品生命周期的全过程，从资源属性指标、能源属性指标、环境属性指标和品质属性指标等进行合理设计。
c) 生态服务产品技术要求类标准分为生态调节服务和生态文化服务两类，生态调节服务标准应考虑生态区位、环境质量和资源禀赋、生态环境容量、生物多样性、生态溢出、生态足迹等因素，生态文化服务标准应考虑服务供给的服务面向、市场细分、顾客群体、空间距离、停留时间、消费者偏好、支付能力和支付意愿等因素。

7.5.1.2 工艺技术要求类标准应包括工艺流程设计、工艺设备和材料、工艺操作步骤、检测与过程管理等内容。

7.5.1.3 方法技术要求分为生态环境监测分析方法和生态环境监测技术规范两类，标准编制核心技术要素如下：

  a）生态环境监测分析方法类企业标准应包括试剂材料、仪器与设备、样品、测定操作步骤、结果表示等内容。

  b）生态环境监测技术规范类企业标准应包括监测方案制定、布点采样、监测项目与分析方法、数据分析与报告、监测质量保证与质量控制等内容。

7.5.2 管理要求类标准

7.5.2.1 企业污染物排放管理标准应明确企业大气、水、噪声、固废等污染物排放控制要求、监测要求、污染防治管理要求、实施与监督等内容。

7.5.2.2 企业厂区车间环境管理规范类标准应包括生产运行要求、生产环境控制参数、出入厂区车间要求、厂区地面环境管理要求、厂区废弃物堆存管理要求等内容。

7.5.2.3 企业环保管理机构及人员管理标准应明确企业环保工作职责、分工、监管要求等内容。

7.5.3 工作要求类标准

工作要求类标准应明确任职者的学历、能力素质、工作经验等内容。

7.6 编写规则

企业按照《标准化工作导则 第1部分：标准化文件的结构和起草规则》（GB/T 1.1—2020）和生态环境标准制订技术导则制定统一的标准编写规则，包括生态环境企业标准的结构、起草表述方法、格式等内容，以提高生态环境企业标准的适用性。企业在编制生态环境企业标准时，可参照附录A编写。

附录A
（资料性）
企业标准编写模板

XX（企业名称）标

Q/XXXX XXXXX—XXXX

XXXXXX（标准中文名称）

XXXXXXXXXXXX

（征求意见稿/送审稿/报批稿）

XXXX - XX - XX 发布　　　　　　　　　　XXXX - XX - XX 实施

XX（企业名称）　发布

T/SEEPLA 02—2022

Q/XXXX XXXXX—XXXX

目　次

前言 II
引言 III
1　范围 1
2　规范性引用文件 1
3　术语和定义 1
4　XXXXXX 1
5　XXXXXXX 1
6　XXXXXXXXX 2
附录A（资料性/ 规范性） XXXXXXXXXXX 3
参考文献 4
索引 5

I

前 言

本文件按照GB/T 1.1—2020《标准化工作导则　第1部分：标准化文件的结构和起草规则》的规定起草。

请注意本文件的某些内容可能涉及专利。本文件的发布机构不承担识别专利的责任。

本文件由XX（企业名称）提出并归口。

本文件起草单位：。

本文件主要起草人：。

Q/XXXX XXXXX—XXXX

引 言

在引言中通常给出下列背景信息:
——编制该文件的原因、编制目的、分为部分的原因以及各部分之间关系、等事项的说明;
——文件技术内容的特殊信息或说明。

如果编制过程中已经识别出文件的某些内容涉及专利,应按照规定给出有关内容。如果需要给出有关专利的内容较多时,可将相关内容移作附录。

T/SEEPLA 02—2022

Q/XXXX XXXXX—XXXX

XXXXXXXXXX（标准中文名称）

1 范围

本文件规定了XXXXXXXXX。
本文件适用于XXXXXXXXXXXXXXXXXX。

2 规范性引用文件

下列文件中的内容通过文中的规范性引用而构成本文件必不可少的条款。其中，注日期的引用文件，仅该日期对应的版本适用于本文件；不注日期的引用文件，其最新版本（包括所有的修改单）适用于本文件。

3 术语和定义

本文件没有需要界定的术语和定义。

3.1
中文名称 English
××××××××××××
[来源：GB/T XXXX-XXXX，X.X]

4 XXXXXX

4.1 XXXXXXXXXX。

4.2 XXXXXXXXXX。

4.3 XXXXXXXXXX 见图1。

图1 XXXXXXXX 图

5 XXXXXXX

5.1 XXXXXXXXXX。

5.2 XXXXXXXXXX 应符合表1的规定。

Q/XXXX XXXXX—XXXX

表1 XXXXXXXXXX

6 XXXXXXXXX

6.1 XXXXXXXXXX。

6.1.1 XXXXXXXXXXXXXXXXXXXXX。

6.1.2 XXXXXXXXXX 应包括下列内容。

    a) XXXXXXXXXX；
    b) XXXXXXXXXX 参见附录 A；
    c) XXXXXXXXXX；
    d) XXXXXXXXXX。

附 录 A
（资料性/规范性）
XXXXXXXXXXX

A.1 XXXXXXXXXXXXXXXXX。

表A.1 XXXXXXXXX 表

参 考 文 献

[1] GB XXXX-XXXX　XXXXXXXXXXXXX
[2] GB/T XXXX-XXXX　XXXXXXXXXXXX
[3] DB XXXX-XXXX　XXXXXXXXXXXX

T/SEEPLA 02—2022

Q/XXXX XXXXX—XXXX

索　引

该要素由索引项形成的索引列表构成。索引项以文件中的"关键词"作为索引标目，同时给出文件的规范性要素中对应的章、条、附录和/或图、表的编号。索引项通常以关键词的汉语拼音字母顺序编排。为了便于检索可在关键词的汉语拼音首字母相同的索引项之上标出相应的字母。

ICS 13.020.10
CCS Z00/09

团 体 标 准

T/SEEPLA 03—2022

四川省第三方环保管家服务规范

Service specification for third-party environmental protection in Sichuan

2022-07-20 发布　　　　　　　　　　　　　　　　2022-07-20 实施

四川省生态环境政策法制研究会　发 布

目　次

前　言 ·· 37
1 范围 ·· 38
2 规范性引用文件 ··· 38
3 术语和定义 ·· 38
4 服务单位基本要求 ·· 39
5 工作程序 ··· 40
6 服务内容 ··· 41
7 委托要求 ··· 46
8 酬金计取方式 ··· 46
附 录 A（资料性）工作流程 ·· 47
附 录 B（资料性）第三方环保管家服务绩效评价方法 ······································ 48
附 录 C（资料性）酬金计取方法 ·· 50

前言

本文件依据 GB/T 1.1—2020《标准化工作导则 第1部分：标准化文件的结构和起草规则》给出的规则起草。

请注意本文件的某些内容可能涉及专利。本文件的发布机构不承担识别这些专利的责任。

本文件由四川省工业环境监测研究院提出。

本文件由四川省生态环境政策法制研究会归口。

本文件起草单位：四川省工业环境监测研究院、四川省环境政策研究与规划院。

本文件主要起草人：田犀、罗彬、蒲灵、王恒、李思锐、鲁译、施展、张亚会、黄莉、刘阳、张人元、黄庆、张璐、马丽雅、谢义琴、李懿。

本文件版权归四川省生态环境政策法制研究会所有。未经事先书面许可，本文件的任何部分不得以任何形式或任何手段进行复制、发行、改编、翻译、汇编或将本文件用于其他任何商业目的。

T/SEEPLA 03—2022

四川省第三方环保管家服务规范

1 范围

本文件规定了第三方环保管家服务的相关术语和定义、服务单位基本要求、服务工作程序、服务内容、委托要求、酬金计取方式等内容。

本文件适用于第三方环保管家服务单位向政府部门、产业园区（包括各类工业园区、开发区、工业聚集地等）、企业提供环保管家服务的相关活动。

2 规范性引用文件

下列文件中的内容通过文中的规范性引用而构成本文件必不可少的条款。其中，注日期的引用文件，仅该日期对应的版本适用于本文件；不注日期的引用文件，其最新版本（包括所有的修改单）适用于本文件。

GB 3095 环境空气质量标准
GB 3096 声环境质量标准
GB 3838 地表水环境质量标准
GB/T 14848 地下水质量标准
GB 15562.1 环境保护图形标志 排放口（源）
GB 15562.2 环境保护图形标志 固体废物贮存（处置）场
GB 18597 危险废物贮存污染控制标准
GB 18599 一般工业固体废物贮存和填埋污染控制标准
GB 18871 电离辐射防护与辐射源安全基本标准
HJ 819 排污单位自行监测技术指南 总则
HJ 942 排污许可证申请与核发技术规范 总则
HJ 944 排污单位环境管理台账及排污许可证执行报告技术规范总则（试行）
HJ 2025 危险废物收集、贮存、运输技术规范

3 术语和定义

下列术语和定义适用于本文件。

3.1
第三方环保管家服务 third-party environmental services

第三方环境服务单位向政府、产业园区或企业等服务对象提供环保咨询等服务，如环保问题排查、环境监测、环保设施建设运营或咨询、环保档案管理、环保宣传培训等一体化、专业化、定制化的环保服务。

3.2
环境问题排查 environmental investigation

第三方环保服务单位对服务对象的环保合规性、环境风险、环境隐患等开展调查，提出整改措施及建议。

3.3
环保管理档案 environmental management documents

服务对象按照生态环境管理相关要求及自身为加强生态环境管理而建立的相关资料档案，包括企业环保管理档案、园区环保管理档案等。

3.4
产业园区 green industrial parks

指经各级人民政府依法批准设立进行统一管理，具有产业集中布局、聚集发展、优化配置各种生产要素等产业集群特征，并配套建设公共基础设施的特定规划区域。

3.5
环境基础设施 environmental infrastructures

指废水或废气集中处理设施，雨、污水管网设施，工业固体废物收集贮存转运和再利用处置设施，环境自动监测监控设施，环境风险应急设施，噪声防治设施等。

4 服务单位基本要求

4.1 信用要求

服务单位应遵守相关法律法规，未列入国家或地方公共信用信息服务平台或相关部门公布的违法或失信企业名单，近三年（含成立不足三年）无安全、环保、质量等相关事故发生。

4.2 能力要求

4.2.1 服务单位注册资金或净资产50万元以上，配备相关专业技术及管理人员不少于10人，具有环保相关类的专业技术人员 5 人以上，其中高级技术职称至少 1 人，中级技术职称 3 人以上。

4.2.2 对专业技术人员应建立专业技术档案，并定期参加培训，持续提高专业技术水平。

4.2.3 服务期间，服务单位应明确所有服务人员信息、资质情况。所有服务人员应具有与其服务内容相匹配的能力。

4.3 管理要求

4.3.1 服务单位应具有固定的办公场所以及开展服务所需的必要资源条件，并根据需要配备相关专业技术软件、硬件等。

4.3.2 服务单位应建立环保管家服务执行工作手册，并定期对工作手册进行完善和更新。

4.3.3 服务单位应建立、实施并保持服务质量管理和考核体系，明确服务质量要求和考核标准。

4.3.4 建立并保存服务记录档案，应及时、准确、完整记录服务方案、服务内容清单和工作记录等内容，并保留相关资料备查。

5 工作程序

5.1 基本流程

工作基本流程包括接受服务委托、签订服务合同、制定服务方案（编制服务对象环保状况调查计划、收集服务对象相关环保资料）、提供第三方环保管家服务、形成服务成果、服务成果绩效评价、服务成果归档、开展延伸服务，流程图参见附录 A。

5.2 接受服务委托

服务对象根据自身需求对服务单位相关业务能力进行评估，在服务单位能力满足自身服务需求前提下进行服务委托。服务单位根据自身业务能力，在满足服务对象服务需求的前提下接受服务委托。

5.3 签订服务合同

服务单位与服务对象就第三方环保服务工作签订服务合同，明确服务内容、服务期限、收费标准和方式等内容。

5.4 制定服务方案

服务单位根据服务对象的特点及需求，制定第三方环保管家服务方案，包括编制服务对象环保状况调查计划表，收集服务对象环保相关资料，了解服务对象环保现状，并经过服务对象确认资料的真实性。

5.5 提供第三方环保管家服务

根据服务合同及服务方案，审核服务对象包括但不限于环境影响评价文件、日常环境监测报告、竣工环境保护验收报告、排污许可证及执行报告、三线一单（生态保护红线、环境质量底线、资源利用上线和生态环境准入清单）、环境管理台账等资料，根据这些资料内容和实地监察结果，提供包括环保问题排查、环境监测、环保设施建设运营或咨询、环保档案管理、环保宣传培训等服务，以及其他定制服务。

5.6 形成服务成果

建立服务对象专一服务档案，归纳服务过程中包括但不限于服务方案、核查记录、工作报告、意见建议、总结报告、培训资料等各项服务过程资料。

5.7 服务成果绩效评价

参照附录B，由服务对象对服务单位第三方环保管家服务进行绩效评价，评价结果可作为合同续签、按绩效付费等过程的参考依据。

5.8 服务成果归档

第三方环保管家服务过程结束后，服务单位应协助服务对象做好相关文件的归档管理工作。纸质台账分类由专人定点存放于阴凉干燥处，如有破损应及时修补，并留存备案；电子档案应存放于电子介质中，由专人定期维护管理并进行数据备份，所有档案的保存时间原则上不低于5年。

5.9 开展延伸服务

根据绩效评价结果及服务对象的需求，服务单位与服务对象开展进一步延伸服务。

6 服务内容

6.1 政府部门第三方环保管家服务内容

6.1.1 区域生态环境问题排查

对区域内生态环境质量现状、污染源情况，制定全面排查方案，通过环境监测、走访调查等手段对大气污染源、水污染源、土壤污染源以及其他环境隐患进行全面排查，分析区域内存在的生态环境问题及风险，为政府部门提供应对区域生态环境问题的专业性技术支持服务和环境咨询服务。

6.1.2 区域环境质量管控

通过分析区域环境当前的空气、水和土壤等环境的监测数据，核查是否符合 GB 3095、GB 3096、

GB 3838、GB/T 14848等要求，预测当地环境质量变化趋势，对区域内存在的重大生态环境问题给出整改和管控方案，为当地政府生态环境管理和环境污染治理提供思路和解决方案。

6.1.3 区域环境咨询

立足区域环境绿色发展，第三方环保管家服务单位可协助政府制定管辖区域内包括行业发展规划、环境保护规划、地方环保政策及标准等宏观政策；为政府提供国家环保相关政策、法规、标准解读等方面的宣传培训服务；对管辖区域内企业单位进行环境风险隐患排查，并提出综合整治方案和针对性解决方案；协助政府建设区域内环境信息化管理、智慧环保等平台。

6.1.4 其他定制服务

6.1.4.1 环境政策落地

做好国家、地方环保法律法规政策宣讲，制定区域生态环境改善方案，为区域内发展规划、环境保护等相关政策提出意见和建议，协助加快生态环境保护相关政策的实施落地等。

6.1.4.2 项目申报

及时关注并搜集国家及各省、市（州）相关科研项目申报信息，协助政府争取项目资金并做好全过程管理，包括立项分析、材料编写、送审及项目验收等流程。

6.1.4.3 其他协商服务

根据政府部门要求，开展与第三方环保管家相符合的其他协商服务。

6.2 产业园区第三方环保管家服务内容

6.2.1 产业园区企业环境问题排查

参照6.3.1企业环境问题排查内容。

6.2.2 产业园区环保问题排查

6.2.2.1 产业园区规划环境影响评价执行情况

核查园区是否履行了园区规划环境影响评价手续；分析园区规划、规划环境影响评价及审查意见的执行情况，包括对规划的范围、土地利用、功能布局、产业定位、基础设施等情况是否与规划及规划环境影响评价一致，是否按照规定开展跟踪环境影响评价，规划环境影响评价要求的大气监控点位、地下水监测井是否按规定设置，是否开展了定期监测等。

6.2.2.2 产业园区环保设施建设及污染物排放情况

核查园区环保处理设施、排污管网、园区固废渣场、排污许可执行情况、设施运行情况、环境管理台账等是否符合相关要求；核查园区污染物是否达标排放。

6.2.3 产业园区环保能力提升服务

6.2.3.1 协助开展环保管理

协助建立健全园区环境管理组织机构、职能及人员配置，完善园区环境管理制度及环保工作计划；协助管委会开展园区环保档案管理，包括入驻企业环境档案及园区总体环境档案；协助园区编制年度环境报告书等。

6.2.3.2 产业园区突发环境事件应急预案

协助园区编制和完善园区突发环境事件应急预案，开展突发环境事件应急预案演练；协助园区应对突发环境事件和环境投诉，必要时开展环境监测和溯源分析，提出有效的应对方案和建议。

6.2.3.3 环保宣传培训

对园区管委会工作人员、企业相关管理人员等，组织开展环保培训宣传，可包括但不限于以下内容：国家及地方环保法律法规、政策、标准解读；环保设施运行管理要点解读，包括环保设施台账建立，污染物治理设施运行管理记录等；污染物排放管理；环保管理制度的建立；企业典型环境隐患分析和常见问题解答；企业环境违法案例解析；环保知识讲座和互动活动；园区环境管理人员业务培训。

6.2.4 其他定制服务

6.2.4.1 绿色化诊断

以绿色园区评价标准为依据，对园区的能源利用、资源利用、基础设施、产业、生态环境、运行管理等方面的绿色化进行诊断，查找不足，形成诊断报告。

6.2.4.2 产业园区环保专项咨询

在园区招商引资、结构调整、企业准入评估过程中向园区提供环保咨询，提出引入项目、位置布局、环保要求等建议，实现绿色招商。

6.2.4.3 产业园区环境监测

根据规划环境影响评价要求，协助园区管理部门制定环境监测计划，定期对区域环境质量现状开展环境监测活动。

6.2.4.4 规划环境影响评价

对新设立的园区开展规划环境影响评价；对园区规划环境影响评价已超过5年或实施后可能对生态环境有重大影响的，开展规划环境影响评价的跟踪评价。

6.2.4.5 环境信息平台建设及维护

协助建设或维护园区环境信息平台，建立信息动态更新和数据分析机制，实现信息化管理，提升园区环境管理水平和应急响应能力。

6.2.4.6 其他协商服务

根据产业园区的要求，开展与第三方环保管家相符合的其他协商服务。

6.3 企业第三方环保服务内容

6.3.1 企业环境问题排查

6.3.1.1 企业环保手续合规性检查

环保手续合规情况，包括是否按照国家及地方生态环境保护要求履行了环境影响评价及"三同时"制度，是否按 HJ 942、HJ 944 等规定申领了排污许可证及开展自行监测、建立环境管理台账和编制排污许可证执行报告等，辐射类企业是否按规定申领了辐射安全许可证，国家及地方生态环境主管部门有特殊规定的行业或重点监管企业是否按规定办理了相关申报及备案手续。

6.3.1.2 环保管理合规性检查

调查企业环境管理机构及人员配置、环境管理制度、环保管理档案、培训计划及记录等情况，提出完善化建议；检查企业环保管理台账记录情况是否符合相关规定，包括生产设施运行管理信息、污染防治设施运行管理信息、监测记录信息及其他环境管理信息等记录情况；检查企业危险废物、一般工业固体废物管理是否符合相关要求，包括管理台账是否合规、危险废物转移联单制度执行情况等。

6.3.1.3 生产过程环保管理

核查企业生产基本状况，包括生产单元、主要工艺、生产设备设施、生产产品、生产能力、原辅材料及能源消耗等现状，检查其是否与环境影响评价文件及排污许可证等行政类文件要求一致；是否存在国家明令淘汰禁止的技术、工艺、设备或产品；生产现场是否整洁，是否存在跑、冒、滴、漏、洒等情况。

6.3.1.4 污染防治设施运行检查

检查企业产生的废气、废水、固废等是否有效收集处理或处置，是否符合最新的法律法规要求，包括无组织废气的收集处理、生产废水的收集处理、雨污水混接、危险废物委托处置等情况；检查污染防治设施的运行和维护，包括是否正常运行、处理效率、药剂添加、催化剂与吸附剂更换、二次污染产生及控制、污染事故发生和处理等；检查危险废物及一般工业固体废物贮存场所是否符合 GB 18597、GB 18599、GB 15562.2、HJ 2025 等要求；检查废水、废气排放口是否符合 GB 15562.1 等要求；检查辐射污染防治是否符合 GB 18871 及相关管理文件要求。

6.3.1.5 环境监测合规性

检查企业在线监测设施安装、联网及运行是否合规；检查企业是否按照 HJ 819 等自行监测相关要求开展自行监测；根据企业在线监测数据、自行监测数据等，检查各类污染物达标排放情况。

6.3.1.6 环境风险排查

调查企业环境风险防范措施的设置是否可行有效；环境风险评估及应急预案编制及开展情况；环境应急监测预警措施落实情况；环境应急防范设施措施落实情况。

6.3.2 企业环保能力提升服务

6.3.2.1 协助开展环保管理

协助企业建立健全环境管理组织机构、职能及人员配置，完善企业环境管理制度及环保工作计划；协助企业开展园区环保档案及台账管理。

6.3.2.2 环保宣传培训

对企业相关人员，组织开展环保培训宣传，可包括但不限于以下内容：国家及地方环保法律法规、政策、标准解读；环保设施运行管理要点解读，包括环保设施台账建立，污染物治理设施运行管理记录等；污染物排放管理；环保管理制度的建立；企业典型环境隐患分析和常见问题解答；企业环境违法案例解析；环保知识讲座和互动活动。

6.3.2.3 环境风险识别及应急预案管理

对企业可能存在的环境风险进行识别，协助编制环境风险评价报告和突发环境事件应急预案并备案；协助企业定期开展突发环境事件应急预案演练。

6.3.3 绿色化诊断

以绿色工厂评价标准为依据，对企业的基础设施、管理体系、能源资源投入、产品、环境排放、绩效等方面的绿色化进行诊断，查找不足，形成诊断报告。

6.3.4 其他定制服务

为企业开展环境影响评价、排污许可申领、清洁生产审核、环境监测、政府政策性资金申请等定制化服务。

7 委托要求

7.1 服务对象应按照公开、公正的原则，择优选择第三方环保管家服务单位。委托合同签订前，服务对象应对第三方环保管家服务单位的能力、业绩、信用状况进行评估。

7.2 服务对象可委托一家或多家单位开展第三方环保管家服务；第三方环保管家服务单位必要时也可委托其他专业单位对部分服务内容提供协助，但需对协助方的进度和质量负责。

7.3 服务对象与第三方环保管家服务单位必须遵守环保法律法规，遵守服务合同、彼此监督，并共同接受有关部门的监督检查。

7.4 第三方环保管家服务单位在服务过程中应公正公开、客观独立，不影响和干涉服务对象的正常市场行为。

8 酬金计取方式

第三方环保管家服务的酬金计取应根据所服务项目的规模和复杂程度，所签订的第三方环保管家服务委托合同约定的服务范围、服务内容、服务期限和服务专家要求等进行双方协商，用合同方式确定服务酬金，一般对政府及其主管部门委托、园区管理机构委托、单位企业委托三种不同服务类型分别计价，并签订第三方环保管家服务合同。

酬金计取方法参照附录 C。

附 录 A
（资料性）
工作流程

第三方环保管家服务工作流程见图 A.1。

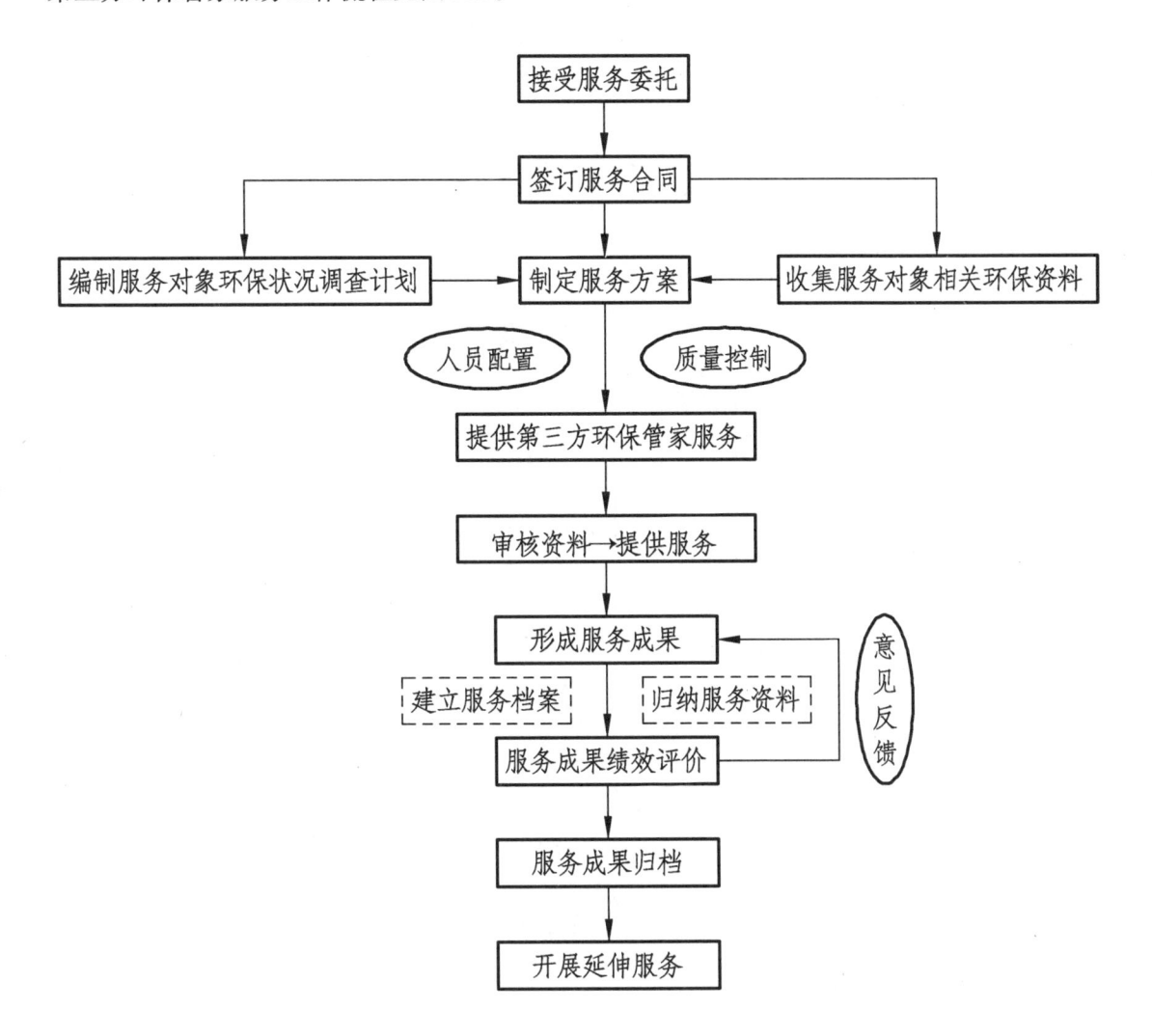

```
                    ┌──────────────┐
                    │ 接受服务委托 │
                    └──────┬───────┘
                           ↓
                    ┌──────────────┐
          ┌─────────│ 签订服务合同 │─────────┐
          ↓         └──────┬───────┘         ↓
┌──────────────────┐       ↓        ┌──────────────────────┐
│编制服务对象环保  │→┌──────────────┐←│收集服务对象相关环保资料│
│状况调查计划      │ │ 制定服务方案 │ └──────────────────────┘
└──────────────────┘ └──────┬───────┘
                    (人员配置) (质量控制)
                           ↓
                ┌────────────────────┐
                │提供第三方环保管家服务│
                └──────┬─────────────┘
                       ↓
                ┌──────────────────┐
                │审核资料→提供服务 │
                └──────┬───────────┘
                       ↓
                ┌──────────────┐     ┌──────┐
                │ 形成服务成果 │←────│意见  │
                └──────┬───────┘     │反馈  │
         ┌────────────┐ ┌────────────┐│      │
         │建立服务档案│ │归纳服务资料││      │
         └────────────┘ └────────────┘│      │
                       ↓              │      │
                ┌────────────────┐    │      │
                │服务成果绩效评价│────┘      │
                └──────┬─────────┘
                       ↓
                ┌──────────────┐
                │ 服务成果归档 │
                └──────┬───────┘
                       ↓
                ┌──────────────┐
                │ 开展延伸服务 │
                └──────────────┘
```

图 A.1 工作流程图

附 录 B
（资料性）
第三方环保管家服务绩效评价方法

针对提供第三方环保管家服务的单位，可参照表 B.1 对其服务进行绩效评价，区分为优秀（≥90 分）、良好（≥70 分，<90 分）、合格（≥60 分，<70 分）、不合格（<60 分）。可按下表中各分项评判指标的最低等级确定总体服务的等级。

表 B.1 第三方环保服务绩效评价表

序号	考核指标	考核内容	参考说明	考核结果
1	日常管理考核（共8分）	按照合同约定组建了符合要求的服务团队、并配备了符合要求的团队人员	成立的服务团队满足约定要求，1分；配备的团队人员满足约定要求，1分。	
		建立了规范的服务人员管理制度和工作制度	是否建立了规范的服务人员管理制度，1分；是否建立了规范的服务人员工作制度，1分。	
		制定并严格落实了考勤制度，包括日期、人员主要工作内容	考勤记录详细性、真实性是否满足约定要求，2分。	
		制定了完善的第三方环保管家服务方案	是否制定了服务方案，1分；服务方案是否规范、全面，1分。	
2	工作业绩考核（共67分）	按合同约定频次开展全方位彻底的排查、检查，对排查检查发现的问题，及时制定切实可行的整改方案	是否完成约定频次排查检查，并出具成果报告，10分；是否协助服务对象整改，对整改落实情况进行再次复核，5分。	
		服务对象环境质量改善情况或环保问题解决情况	服务对象环境质量是否有改善，6分；存在的环保问题是否减少，6分。	
		按合同约定时间和频次开展工作	是否按照合同时间开展工作，4分；是否满足按照合同约定频次，4分。	
		建立规范的第三方环保服务档案	档案包括的内容是否齐全，5分。	
		环保设施诊断服务	是否完成环保设施检查并指导整改，3分；是否完成自动监控设施检查并进行达标分析，3分。	

T/SEEPLA 03—2022

表 B.1 第三方环保服务绩效评价表（续）

序号	考核指标	考核内容	参考说明	考核结果
2	工作业绩考核（共67分）	环保管理现状巡查整改	是否检查项目与环境影响评价文件或政府管理文件的符合性，1分；是否审查拟入驻企业建设项目产业政策的符合性，1分；是否明确环境管理机构、职能及人员配备齐全，1分；环境管理制度及环保工作计划核查是否完善，1分；如存在环保信访投诉、行政处罚、突发环境事件、是否提供专业性建议，1分；是否核查环境监测制度落实情况，1分；是否建立环境档案，1分；是否完成服务对象需要的专业咨询事项，1分。	
		环境应急体系检查	是否协助开展应急预案诊断、应急培训、应急演练、应急物资、应急队伍建立，5分。	
		定期开展环保培训宣传	是否定期开展包括国家、地方相关的生态环境保护、绿色发展法律、法规、政策、标准、技术等内容的培训工作，4分。	
		环保信息化系统建设情况	是否按照服务对象要求开展环保信息化系统建设，2分。	
		绿色化水平提高	参照绿色园区、工厂评价标准，绿色化水平是否提高，2分。	
3	环境管理模式创新情况（共5分）	管理模式得到认可或推广情况	管理模式是否得到认可，3分；管理模式是否得到行业推广，2分。	
4	服务满意度考核（共20分）	服务对象对服务单位的满意度	服务对象对服务单位整体满意情况，20分。	
总分			评级	
服务对象意见与建议（选填）				

附 录 C
（资料性）
酬金计取方法

第三方环保管家服务的酬金计取应根据所服务项目的规模和复杂程度，所签订的第三方环保管家服务委托合同约定的服务范围、服务内容和服务期限、服务专家要求等进行双方协商，用合同方式确定服务酬金，一般对政府及其主管部门委托、产业园区管理机构委托、单个企业委托三种不同服务类型分别计价，并签订第三方环保管家服务合同。

1. 政府部门第三方环保管家服务酬金计取方法

服务酬金计取方法=企业排查服务费+区域环境问题排查服务费+政府基础费用+其他服务费

其中，企业排查服务费=服务企业数量×企业排查基础费×行业系数，服务内容为企业环境问题排查；区域环境问题排查服务费=服务空间单价×服务空间（平方公里或公里），服务内容区域环境问题排查；政府基础费用服务内容为环境咨询，在收费区间内根据园区/企业环保管理现状、涉及环境要素多少、环境敏感和复杂程度进行协商确定；其他服务费根据服务内容以市场行情为准。

2. 产业园区第三方环保管家服务酬金计取方法

服务酬金=企业排查服务费+园区基础费用+其他服务费

其中，企业排查服务费=服务企业数量×企业排查基础费×行业系数，服务内容为园区企业环境问题排查；园区基础费用服务内容包括园区环保问题排查以及园区环保能力提升服务；其他服务费用服务内容包括绿色园区诊断及创建和其他定制服务，服务费用根据服务内容以市场行情为准。

3. 企业第三方环保管家服务酬金计取方法

服务酬金=（企业排查基础费+企业基础费用）×行业系数+其他服务费

其中，企业排查基础费服务内容为企业环境问题排查；企业基础费用服务内容为企业环保能力提升服务；其他服务费服务内容包括绿色工厂诊断及创建和其他定制服务，服务费用根据服务内容以市场行情为准。

表 C.1 行业系数

行业类型	行业系数
化工、冶金、有色、黄金、煤炭、矿产、纺织、化纤、医药、石化石油天然气、垃圾填埋场及转运站	1.2
轻工、机械、船舶、航天、电子	1.1
建材、市政、烟草、兵器、畜牧养殖、火电、污水处理	1.1
农业、林业、仓储（非化工、石油等有毒有害品存储）等行业	0.9

注：具体收费额根据园区/企业环保管理现状、涉及环境要素多少、环境敏感和复杂程度进行协商确定。

ICS 13.020.40
CCS Z 05

团 体 标 准

T/SEEPLA 04—2023

山地丘陵村镇水土环境协同修复技术指南

The technical guide for coordinate remediation of water-soil pollution in mountain rural area

2023-03-06 发布   2023-03-06 实施

四川省生态环境政策法制研究会 发 布

目　次

前言 ··· 53
引言 ··· 54
1 范围 ·· 55
2 规范性引用文件 ·· 55
3 术语和定义 ·· 55
4 基本原则 ·· 56
5 修复技术内容与要求 ·· 57
附录 A（资料性）植物配置 ·· 66
附录 B（资料性）技术运行参数 ·· 67
参考文献 ··· 69

T/SEEPLA 04—2023

前 言

本文件按照 GB/T 1.1—2020《标准化工作导则 第1部分：标准化文件的结构和起草规则》的规定起草。

本文件由中国科学院、水利部成都山地灾害与环境研究所提出。

本文件由四川省生态环境政策法制研究会归口。

本文件起草单位：中国科学院、水利部成都山地灾害与环境研究所、四川省环境政策研究与规划院、重庆大学、同济大学、华中农业大学。

本文件主要起草人：周明华、罗彬、王恒、任春坪、宋玲、李蕾、张超杰、黄丽、朱波、汪涛、张璐、刁剑、谷丰、谢义琴。

# 引 言

我国城市化进程快速推进，围绕城市环境的修复、监测技术和仪器设备研发近年发展较快，在涉及城市环境治理、监测、信息化管理的应用实践方面也取得了重要进展。与此同时，村镇产业经济和社会发展迅猛，伴随污染物排放量显著增大，导致环境承载力已达上限，严重影响村镇人居环境质量。近年国家大力实施乡村振兴战略，已按照产业兴旺、生态宜居、乡风文明、治理有效、生活富裕的总要求全面推进，加强村镇环境综合整治和加快村镇水土环境污染防治与修复则是重中之重。然而，针对村镇社区环境特征，经济、可靠、实用性强的环境监测技术仍十分缺乏，导致对村镇社区污染类型以及污染物多介质迁移过程认识不清，十分缺乏适宜于村镇社区生产生活特征、复合交叉污染环境的精准有效、高效、低成本的水土环境修复方法与技术体系以及修复设备。因此，当前及未来国家乡村振兴战略和绿色宜居村镇建设行动计划亟须村镇社区水土环境污染修复技术体系科技支撑。

我国是世界山地大国，山地面积约占陆地国土面积的65%。一方面，我国地域广阔，不同地域、不同气候带所处的自然生态环境差异较大，对技术的针对性和适宜性有明显的特殊要求。另一方面，国家对生态环境的要求在不断地严格，环境质量标准在不断地提升，控制指标在不断地扩展。上述需求就要求立足镇社区污染综合性和复合性以及气候带和生产生活方式带来的区域差异性的特点，以精准施治、精确管理的需求导向，研发经济适应性好、技术针对性强的村镇水土环境修复关键技术与小型设备，满足美丽宜居村镇建设的迫切需求十分迫切。四川省地处长江上游，是我国山地丘陵地貌的集中分布区和代表性区域。由于坡地流水地貌广泛分布，导致水土流失严重且壤中流极度发育，加之农业垦殖强度高和村镇经济发展快，工业及城市污染向农村转移，表现为面源污染为主且与点源污染共存。受区域经济发展水平制约，城乡二元结构突出，农村环境基础设施匮乏，土壤与水体环境恶化、土壤污染与水环境污染相互交叉、二次污染严重，导致农村人居环境恶化。特别是降雨集中季节，一方面，降雨及地表径流冲刷驱动较高污染负荷进入到下游水体；另一方面，由于壤中流发育引发土壤频繁的干湿交替过程，导致了污染物在土壤-壤中流-地表径流等多介质、多界面的迁移转化过程更加复杂，缺乏适宜该区域特点的水土环境污染协同修复技术体系。因此，针对山地丘陵村镇水土环境污染特点，研发村镇社区及周边污染土壤-壤中流-地表水的协同修复技术和设备是破解山地丘陵村镇人居环境综合整治难题的关键，也可为山地丘陵区乡村振兴战略实施和绿色宜居村镇建设提供科技支撑。

在国家重点研发计划项目"村镇社区环境监测及修复关键技术研发"的支持下，课题承担单位中国科学院、水利部成都山地灾害与环境研究所组织课题参与单位同济大学、重庆大学和华中农业大学，联合四川省环境政策研究与规划院，根据《中华人民共和国环境保护法》《中华人民共和国水污染防治法》和《中华人民共和国土壤污染防治法》，共同编写了本文件，用于指导山地丘陵村镇社区及周边土壤-壤中流-地表水体水土环境协同修复实践。

山地丘陵村镇水土环境协同修复技术指南

1 范围

本文件规定了长江上游低山丘陵区紫色母岩发育的土壤、壤中流和地表水污染物修复技术的基本原则、修复技术的内容及其运行与维护等。

2 规范性引用文件

下列文件中的内容通过文中的规范性引用而构成本文件必不可少的条款。其中，注日期的引用文件，仅该日期对应的版本适用于本文件；不注日期的引用文件，其最新版本（包括所有的修改单）适用于本文件。

GB 3838—2002 地表水环境质量标准
GB 15618—2018 土壤环境质量 农用地土壤污染风险管控标准（试行）
GB 16889—2008 生活垃圾填埋场污染控制标准
HJ 25.6—2019 污染地块地下水修复和风险管控技术导则

3 术语和定义

下列术语和定义适用于本文件。

3.1
壤中流 interflow

壤中流指沿潜水层或隔水层间的含水层，向河流、湖泊、沼泽、海洋等汇集的水流。

3.2
地表水 surface flow

地表水指沿地表向河流、湖泊、沼泽、海洋等汇集的水流。

3.3
简易垃圾填埋场 simple landfill

简易垃圾填埋场指利用自然地形条件对垃圾进行填埋，未采取防渗、雨污分流、压实、覆盖等工程措施，并未对渗沥液、填埋气体及臭味等进行控制的垃圾填埋场。

3.4

原位修复 in-situ remediation

不移动污染土壤和水体的空间位置，仅在污染的原地点采取一定工程措施的修复方式。

3.5

异位修复 ex-situ remediation

移动污染土壤和水体到邻近地点或其他点采取工程措施的修复方式，包括原位异地修复和异地异位修复。

3.6

植物修复 phytoremediation

利用绿色植物的生命代谢活动来转移、转换或固定土壤环境中的重金属元素，使其有效态含量减少或生物毒性降低，从而达到净化污染或部分恢复的效果。

3.7

可渗透反应墙 permeable reactive barrier, PRB

以原位渗透处理带作为修复主体的技术，利用特定的反应介质，通过物理化学和生物作用等方法降解去除水体中的有机质、重金属和无机盐等污染物，使污染组分转变为环境可接受的形式，以达到阻隔和修复污染带的目的。

3.8

水土协同修复 cooperative restoration of water and soil

水土协同修复是指通过同一修复过程同时修复地表水、壤中流和土壤中的污染物。

4 基本原则

4.1 因地制宜

整理利用现有的地形优势，包括地势高度差，沟、塘、低洼易涝地等实施土壤-壤中流-地表水协同修复技术。

4.2 生态优先

优先选用生态型的材料，采用景观效果好，净化能力强的本土物种和近自然群落进行净化系统的生物配置。

4.3 节约高效

遵循成本节约的原则，选择设施结构简单，运维成本低，能高效净化污染物的修复技术。

4.4 环境友好

修复技术应避免对环境造成二次污染，修复植物的栽种能够进一步增加修复地绿色覆盖率。

5 修复技术内容与要求

5.1 主要修复技术概述

本文件提出的修复技术主要用于长江上游低山丘陵区小流域内地表水-壤中流-土壤的协同修复，共包括 4 项修复技术，即：山丘村镇社区地表水阶梯型湿地环境修复技术〔地表水氮（N）、磷（P）污染物修复〕、多介质反应墙山丘村镇社区壤中流修复技术〔壤中流氮（N）污染物修复〕、简易垃圾填埋场土壤原位修复技术〔土壤镉（Cd）、铜（Cu）、铅（Pb）、锌（Zn）等重金属修复〕以及多级可渗透反应屏障简易垃圾填埋场壤中流修复技术〔壤中流氮（N）污染物修复〕，长江上游低山丘陵区小流域内地表水-壤中流-土壤协同修复技术整体示意图，见图1。

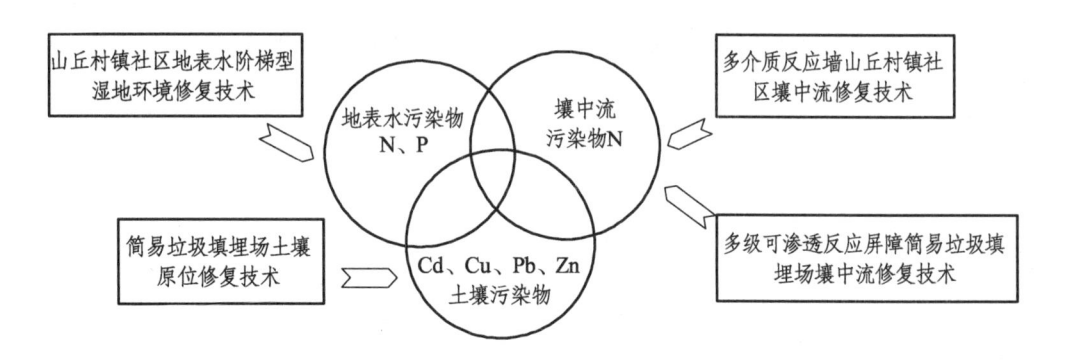

图 1 长江上游低山丘陵区小流域内地表水-壤中流-土壤协同修复技术整体示意图

5.2 山丘村镇社区地表水阶梯形湿地环境修复技术内容

5.2.1 技术适用场景

本技术适用于长江上游低山丘陵区具有典型丘陵地貌和地势起伏的区域。

5.2.2 技术应用范围

本技术适用于长江上游低山丘陵区中小规模村镇降水、生活污水等地表水体的净化修复。

5.2.3 组成单元

山丘村镇社区地表水阶梯形湿地环境修复技术主要由级联生物滤池和生态沟渠两部分组成。山丘村镇社区地表水阶梯形湿地环境修复技术示意图，见图2。

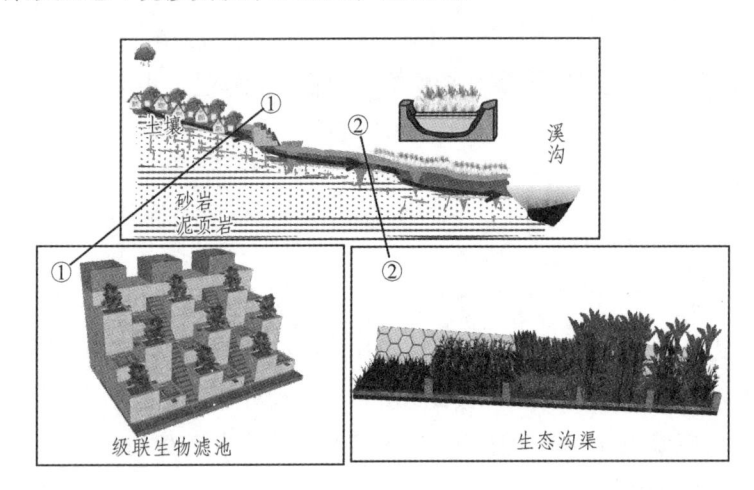

图2 山丘村镇社区地表水阶梯形湿地环境修复技术示意图

5.2.4 级联生物滤池规格

级联生物滤池由测量池、沉淀滤池和反应滤池三部分组成。各池子大小为 1.5～3 m×1.5～3 m×1.5～3 m。

5.2.5 生态沟渠规格

生态沟渠沟体断面宜为倒等腰梯形，口宽宜0.8～3 m，深度宜大于0.6 m。宜利用原有农田排水沟通过生态化改造构建。

5.2.6 护坡材料

生态沟渠沟壁宜采用土质或具有一定透水性的材料，宜适于植物扎根生长，应保证边坡稳定。沟底宜为土质。

5.2.7 植物配置

反应滤池中宜选取根系发达、喜湿、抗污染、耐修剪且寿命长的植物（e.g.小叶榕）与高富集氮磷水生植物（e.g.铜钱草、狐尾藻）搭配种植。

生态沟渠中宜配置耐污能力强、根系发达、生物量大的挺水、沉水和浮水植物，可一种或几种搭配栽种。常水位以上沟坡宜种植草本植物。植物种类参见附录A。

5.2.8 水位控制

宜在级联生物滤池入水口设置分流池，雨量大时或排水量大时，将分流池出口打开，反之，则将分流池出口关闭。应保障级联生物滤池反应池内的水体高度满足管道溢流标准而在各级池子间流动。

5.2.9 运行与维护

参照 GB 3838—2002 管理水体质量，并运行和定期维护。每一季末收割低矮且生长繁殖较快的铜钱草、狐尾藻等湿地小型水生植物，每年底收割一次大型的挺水湿地植物。收获后的植物可以作为有机肥经处理后再利用。定期清理沉淀单元及滞留池沉降的泥沙及更换秸秆，雨季需打开组合系统中的分流池出口。

5.2.10 技术运行参数

技术运用参数见附录B。

5.3 多介质反应墙山丘村镇社区壤中流修复技术内容

5.3.1 技术适用场景

本技术的适用场景主要为长江上游低山丘陵区紫色土土壤的壤中流氮（N）污染修复。

5.3.2 技术应用范围

本技术适用于修复具有间歇产流、硝酸盐浓度高、C/N 低等特点的壤中流及其他具有相似特点的水体。

5.3.3 组成单元

漏斗门式可渗透反应墙（FGPRB）构筑物主体主要由隔水墙、导水门和反应介质三部分组成。多介质反应墙山丘村镇社区壤中流修复技术示意图，见图3。

5.3.4 反应墙规格

反应墙体整体的长和高依据场地的土壤层横截面确定。壤中流的平均流速约为 0.0167 mm/s，土壤渗透系数为 0.415～0.972 cm/min，相对应的水力停留时间为 2～4 h。设置墙体的主反应层厚度为 20～50 cm，单级反应墙规格依据场地范围设置。PRB 墙体的渗透性是土壤渗透系数的 2～5 倍，具体参数根据土壤渗透系数和理论水力停留时间确定。

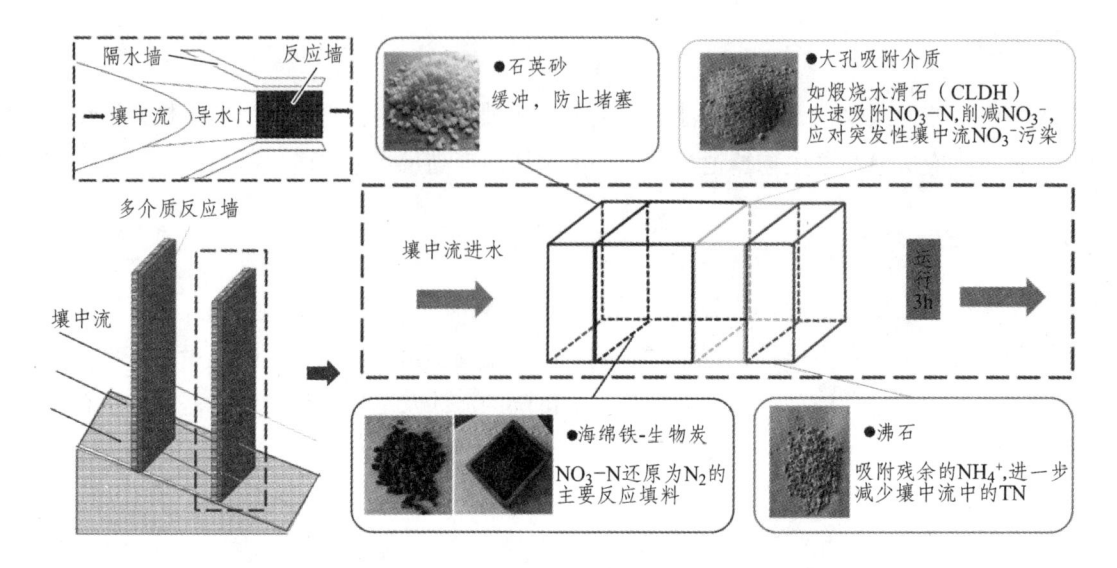

图 3　多介质反应墙山丘村镇社区壤中流修复技术示意图

5.3.5　隔水墙规格

5.3.5.1　根据场地水文地质条件和造价成本，隔水墙可采用高密度聚乙烯（HDPE）柔性截水帷幕或水泥帷幕灌浆，截水帷幕底部的建设深度应至少位于弱透水层以下 0.2 m，外侧使用黏性土填实。

5.3.5.2　拆模后应立即在隔水墙间架设支撑，支撑的水平间距一般为 1.00～1.50 m，上下各一道。支撑可采用方木或角钢代替，当遇到不良地质时，适宜进行土体加固或采用深导墙。

5.3.5.3　隔水墙的厚度一般为 30～100 cm，两墙的间距和长度应根据前期污染羽调查、刻画、模拟，尽可能地涵盖污染羽流，为保证隔水墙的隔水效果以及受污染水体汇入反应单元内，隔水墙所呈现的角度原则与壤中流流向垂直。

5.3.6　多介质布设方式

反应墙的结构包括：

  a）缓冲防堵层，主要材料为粗粒石英砂和细粒石英砂，使用不同级配的石英砂组合实现缓冲和防堵的功能，石英砂粒径与级配根据土壤粒径确定，推荐质量比为 1～3：1～3。

  b）主反应层，主要材料为海绵铁和生物炭，二者体积比推荐为 1：3，质量比为 3.9～4。

  c）一级吸附层，主要材料为大孔吸附介质。

  d）二级吸附层，主要材料为细粒径沸石和粗粒径沸石，推荐质量比为 1～2：1～2。

5.3.7　运行与维护

5.3.7.1　PRB 的运行、维护和安全管理应符合 HJ 25.6—2019 及其他现行有关标准的要求。

5.3.7.2　在 PRB 上下游及 PRB 内布置监测井观测水位深度变化，并周期性地监测相关的水文地质化学参数、流速等。在浓度较高或接近反应墙的位置集中布置监测井。

5.3.7.3 常规监测指标有目标污染物、降解中间产物、ORP（氧化还原电位）、pH 值、Eh、BOD5、COD 等。运行过程中产生沉淀、阻塞介质、超过吸附容量的填料等需要进行及时的监测与维护管理。

5.3.8 技术运行参数

技术运行参数见附录 B。

5.4 简易垃圾填埋场土壤原位修复技术内容

5.4.1 技术适用场景

本技术的适用场景主要为长江上游丘陵区村镇简易垃圾填埋场周边重金属〔土壤镉（Cd）、铜（Cu）、铅（Pb）、锌（Zn）等〕污染土壤的修复。

5.4.2 技术应用范围

本技术应用于长江上游低山丘陵区简易垃圾填埋场周边或农田土壤重金属（Cd、Cu、Pb、Zn 等）复合污染的修复，适宜弱酸性到弱碱性、中轻度重金属污染的土壤。

5.4.3 技术简介

根据污染土壤的状况选择一种富集植物与钝化剂配方，通过植物种植富集部分重金属并活化其形态，盛花期收获后向土壤中施加钝化剂，通过钝化材料和植物联合降低土壤重金属的活性，构建村镇简易垃圾填埋场土壤重金属污染的原位修复技术。

5.4.4 修复植物的选择

富集植物选择龙葵或三叶鬼针草。土壤为中性或弱碱性，优先选择种植三叶鬼针草；土壤为弱酸性，优先选择龙葵作为修复植物。

5.4.5 钝化剂的选择

钝化剂有以下两种配方供选择：
a）2%生物炭和 1%海泡石混合施用。
b）1%硅肥和 0.2%磷矿粉混合施用。

5.4.6 钝化剂与植物联合修复技术要点

在污染土壤上撒播种植龙葵（2 kg/ha）或者三叶鬼针草（30 kg/ha），间苗保持种植密度 280～290 株/m^2。于盛花期收获植物的地上部（收获后焚烧或萃取再利用）。将钝化剂各自研磨过 40 目筛，按配方混合均匀，撒施入到表层（0～20 cm）土壤中，通过翻耕将钝化剂和土壤混合均匀，维持土壤含水量为 60%田间持水量。村镇社区简易垃圾填埋场土壤原位修复技术示意图，见图 4。

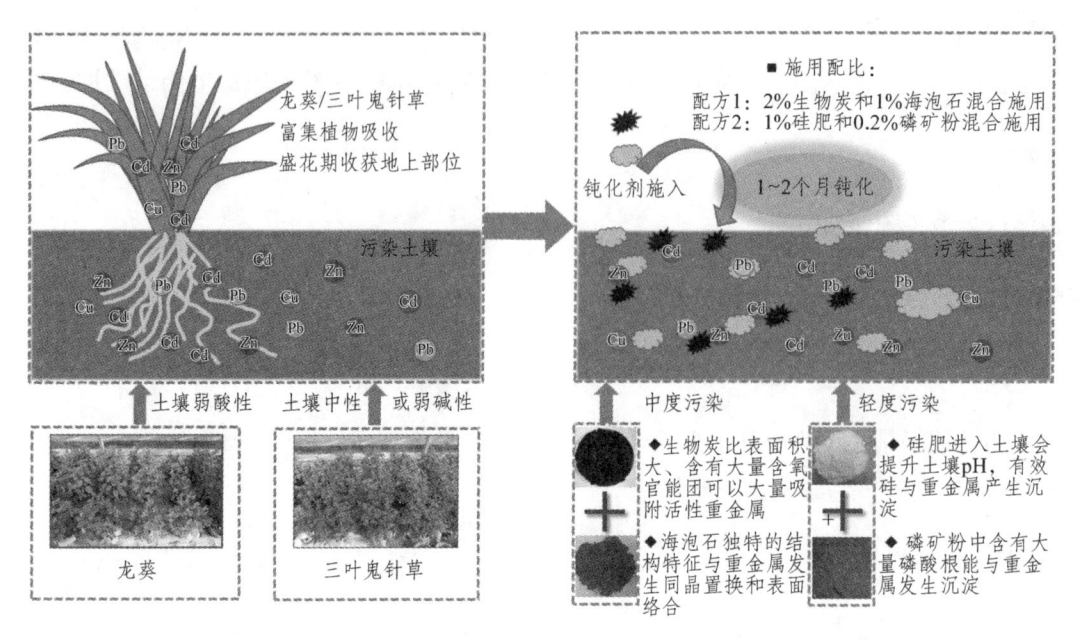

图 4 村镇社区简易垃圾填埋场土壤原位修复技术示意图

5.4.7 植物栽培与田间管理

种植修复植物前，土壤中施加基肥，松土。均匀播种后覆土育苗，保持土壤湿润，待修复植物生长至生物量最大时（盛花期）收获植物的上部，将其焚烧或萃取再利用。植物生长过程中实时监测植物生长状况，避免植物发生病害或者虫害。植物收获后加入复配钝化剂，依据 GB 15618—2018 判断土壤重金属（Cd、Cu、Pb、Zn 等）污染状况，若污染程度为风险管制值以下可进行 1~2 个月的钝化修复。修复过程中定期采集土样，按照 GB/T 23739—2009 测定土壤中重金属有效态含量，监测含量是否降到 GB 15618—2018 中风险筛选值以下。若土壤没有达标则可以延长修复时间，期间保持土壤湿润（60%田间持水量）。

5.5 多级可渗透反应屏障简易垃圾填埋场壤中流原位修复技术内容

5.5.1 技术适用场景

本技术的适用场景主要为山地丘陵地区小型村镇简易垃圾填埋场周边壤中流污染阻控与修复，尤其适用于规模较小（垃圾堆存量小于 $1 \times 10^5 \mathrm{~m}^3$）且与村镇居民生活种植区无明显边界的填埋场。

5.5.2 技术应用范围

本技术适用于拟使用多级可渗透反应墙技术原位修复填埋场周边壤中流的工程场景。适用于该类修复工程的建设与运行管理，可作为工程设计、施工、运行状况监测、效果评估等的参考依据。

5.5.3 组成单元

村镇小型简易垃圾填埋场壤中流原位修复多级可渗透反应墙应包括隔水单元和可渗透反应屏障单元等。简易垃圾填埋场壤中流原位修复多级可渗透反应墙示意图，见图5。

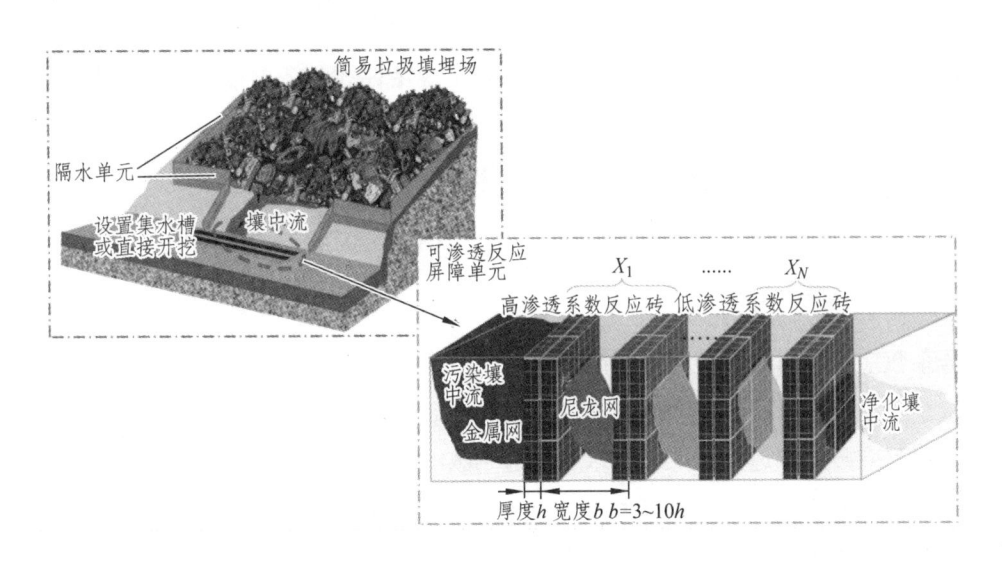

图5 简易垃圾填埋场壤中流原位修复多级可渗透反应墙示意图

5.5.4 多级可渗透反应墙隔水单元设计要点

5.5.4.1 水文地质特征

山地丘陵地区简易垃圾填埋大多位于山坳山谷，隔水屏障布设时通常根据地形地势和水文特征进行布设：

a) 隔水屏障的位置应根据地势自高向低进行布设，尽可能地涵盖污染羽，避开不影响汇流的不良地质。

b) 隔水屏障的角度应根据壤中流流向进行布设，一般垂直于壤中流的流向进行设置，隔水屏障应当呈现汇流的趋势，能够引导壤中流污染羽汇合至地势较低且较为平坦处，可充分利用现有沟渠水洼以降低成本。

5.5.4.2 隔水材料筛选

隔水材料应该具有良好的隔水性能、机械强度和使用寿命。优先选择渗透系数低、理化性质稳定的材料。推荐采用隔水砖和水泥固化联合使用的方式构筑隔水屏障。

5.5.4.3 隔水屏障施工

隔水屏障施工前应先考察填埋场周边地质情况和居民种植情况，降低对周边环境的影响。隔水屏障布设应该嵌入隔水层下方 0.2～0.5 m，在反应屏障前、水流量大和地形特殊处可以将隔水层厚度增加到0.3～1.0 m，同时可在原有埋深的基础上增加 0.3～0.5 m，确保隔水屏障的稳定性，避免发生绕流。

5.5.5 多级可渗透反应墙可渗透反应屏障设计要点

5.5.5.1 反应介质的选择

反应介质应该具有吸附高效性、导水适宜性、安全稳定性和经济可行性。简易填埋场主要为碳、氮污染，推荐吸附性填料、固定化填料和孔隙支撑填料联合使用。吸附性填料推荐使用活性炭、陶粒、沸石和膨胀珍珠岩等吸附能力较强的填料；固定化填料推荐使用水泥等价格较低的填料；孔隙支撑填料推荐使用石英砂等渗透系数变化明显的填料。

5.5.5.2 屏障渗透系数筛选

屏障渗透系数应高于修复场地含水层的渗透系数。建议采用高渗透系数和低渗透系数两种砖体布设的方式，有利于延长屏障使用寿命。高渗透系数反应砖的渗透系数大于含水层渗透系数的 10 倍以上，低渗透系数反应砖的渗透系数大于含水层渗透系数的 4 倍以上。高低渗透系数屏障推荐的介质配比范围为：活性炭∶陶粒∶沸石∶膨胀珍珠岩∶水泥∶石英砂= 4～6∶2～4∶3～5∶0～4∶8～10∶0～1；低渗透系数屏障推荐的介质配比范围为：活性炭∶陶粒∶沸石∶膨胀珍珠岩∶水泥∶石英砂= 4～6∶2～4∶3～5∶0～4∶8～10∶1～2.7。

5.5.5.3 屏障规格确定

村镇简易垃圾填埋场通常位于山坳山谷，且常与周边居民种植区域无明显边界，宜选择小规格尺寸（如 300～400 mm×200～400 mm×30～60 mm）的反应屏障单块砖体，利于屏障的布设和施工，同时也可降低对周边居民农业活动的影响。

5.5.5.4 布设间距和级数筛选

通过槽实验确定屏障布设级数和间距。宜采用多组多级布设，每组 4 级（高渗透系数-高渗透系数-低渗透系数-低渗透系数）。当壤中流污染物浓度较低，单组出水水质符合 GB 16889—2008 要求时，可一组单独使用；当壤中流污染物浓度较高，单组出水水质无法满足 GB 16889—2008 要求时，适当增加组数至出水满足 GB 16889—2008 要求。渗透系数相同的两块反应砖紧贴布置，高低渗透系数反应砖之间的间距/厚度比值宜为3～10。

5.5.5.5 布设方式

根据屏障厚度、施工深度等，选择尺寸匹配的金属网作为骨架材料，将反应屏障置于金属网中；同时金属网外宜布设尼龙网等隔离材料，减少土壤对屏障造成堵塞；反应屏障、金属骨架和隔离材料共同构成一级完整的可渗透反应屏障系统，作为修复和后期维护更换的基本单元。

5.5.6 运行与维护

多级可渗透反应屏障简易垃圾填埋场壤中流原位修复的运行与维护主要包括以下几方面：

a) 运行期间宜根据出水水质设置不同组数的反应屏障串联使用保障修复效果，设置组数通过每组出水水质是否符合 GB 16889—2008 确定，为保证出水水质达标，当出水水质处于 GB 16889—2008 边缘时，可增加一组以保障出水达标。

b) 运行期间应当在屏障上下游及每级反应屏障间设置监测井，需对反应屏障性能进行监测，判定每层反应屏障性能是否可以达到修复效果。

c) 当下游出水水质不符合 GB16889—2008 或单级可渗透反应屏障效果急剧下降时，应当将效果较差的屏障整级取出，并将备用的屏障布设重新布设至相同位置，更换过程中应该避免对周边屏障造成影响。

d) 反应屏障更换应该尽可能选择旱季、不产流或产流少的时间段，且宜于多日晴天后的时间段进行更换。

附录 A
（资料性）
植物配置

表 A.1 山丘村镇社区地表水阶梯形湿地环境修复技术植物配置一览表

植物类型		植物名称
水生植物	挺水植物	芦苇、香蒲、灯芯草、菖蒲、风车草、美人蕉、再力花、水葱、水芹、灯芯草、茭白、水芹菜、荷花、梭草鱼、泽泻、黑三棱、千屈菜、茭草、慈菇、蔗草等
	浮水植物	绿狐尾藻、大漂、水薤菜、紫萍、凤眼莲、浮萍、睡莲等
	沉水植物	狐尾藻、伊乐藻、苦草、菹草、茨藻、石龙尾、光叶眼子菜、竹叶眼子菜、水生马齿苋、金鱼藻、黑藻等
陆生植物	草本植物	龙须草、狗牙根、黄花菜、黑麦草、三叶草、野菊花、紫苏、万寿菊、艾蒿、格桑花、马莲、小冠花、苕子、二月兰、红豆草、绛三叶、田青等
	灌木植物	金银花、金叶连翘、沙棘、榛子、胡枝子、紫穗槐、乌药、桑树、水马桑、酸木瓜、杜鹃、木槿、连翘等
	乔木	杨树、柳树、沼柳、国槐、柏树、松树、大叶女贞、香樟、化香、海棠、水杉、樱花等

附 录 B
（资料性）
技术运行参数

B.1 山丘村镇社区地表水阶梯形湿地环境修复技术运行参数

水力负荷宜小于 0.2 m³/（m²·d），总氮面积负荷宜不大于 8.0 g/（m²·d），总磷面积负荷宜不大于 1.0 g/（m²·d）。水力负荷和污染物面积负荷计算见公式（1）和公式（2）：

$$q_{hs} = Q/A \quad\quad\quad (1)$$

式中：

q_{hs}——水力负荷，m³/（m²·d）；
Q——设计进水流量，m³/d；
A——净化设施面积，m²。

$$N_A = Q \times (S_0 - S_1)/A \quad\quad\quad (2)$$

式中：

N_A——污染物面积负荷，以总氮、总磷等计，g/（m²·d）；
Q——设计进水流量，m³/d；
S_0——进水污染物浓度，g/m³ 或 mg/L；
S_1——出水污染物浓度，g/m³ 或 mg/L；
A——净化设施面积，m²。

B.2 多介质反应墙山丘村镇社区壤中流修复技术运行参数

PRB 主要的设计参数包括 PRB 安装位置的选择、结构的选择、埋深、规模、水力停留时间、反应墙的渗透系数、活性材料的选择及其配比。在 PRB 安装前，获取含水层性质，并借助达西定律估算壤中流流速和方向，壤中流平均速度计算见公式（3）：

$$v_x = \frac{K}{n_e}\frac{dH}{dl} \quad\quad\quad (3)$$

式中：

v_x——平均壤中流流速，m/s；
K——含水层的渗透系数；
dH/dl——水力梯度，其中 dH 为等水位线两点的水位高程差，dl 为两点的水平距离；
n_e——有效孔隙度。

反应单元的厚度主要由污染物的停留时间和壤中流流速确定，见公式（4）：

$$L = V \cdot t_w \quad\quad\quad (4)$$

式中：

L——PRB 活性填料区厚度，m；

V——壤中流流速，m/s；

t_w——停留时间，s。

在长期运行中，反应介质的孔隙率有逐渐减小的趋势，因此，在设计中一般采用最大流速。场地中 PRB 反应单元内的容积密度通常会低于实验室柱实验模拟时得出的容积密度。

设计 PRB 活性填料区需要的水力性质包括：渗透系数（K）、孔隙度（n）和密度（B）等。利用柱实验和达西定律可估算出 K 的值，见公式（5）：

$$K = \frac{V \cdot L}{A \cdot t \cdot H} \quad \cdots\cdots\cdots\cdots\cdots\cdots\cdots\cdots\cdots\cdots\cdots\cdots\cdots\cdots\cdots（5）$$

式中：

V——时间 t（s）内流过介质区域的体积，m³；

L——渗流途径，m；

A——横截面积，m²；

H——水头损失，m。

污染物羽流在反应墙的停留时间（t）主要由污染物的半存留期和污染羽流经反应墙初始浓度决定。现场的壤中流污染物浓度分布不均匀，基于工程安全性考虑，设计按照污染物的场地内最大的浓度值计算。计算见公式（6）：

$$t = N t_{0.5} \mu_1 \mu_2 R \quad \cdots\cdots\cdots\cdots\cdots\cdots\cdots\cdots\cdots\cdots\cdots\cdots\cdots\cdots\cdots（6）$$

式中：

N——半存留期的次数；

$t_{0.5}$——半存留期，$t_{0.5} = \ln 2 / k$（k 为一次反应速率）；

μ_1——温度校正因子，可取 2.0～2.5，正常温度为 20～25℃；

μ_2——密度校正因子，可取 1.5～2.0；

R——安全系数，可取 2.0～3.0。

T/SEEPLA 04—2023

参考文献

[1] GB/T 23739—2009　土壤质量　有效态铅和镉的测定　原子吸收法
[2] GB 50869—2013　生活垃圾卫生填埋处理技术规范
[3] HJ 25.4—2019　建设用地土壤修复技术导则
[4] HJ 25.5—2018　污染地块风险管控与土壤修复效果评估技术导则（试行）
[5] HJ 564—2010　生活垃圾填埋场渗滤液处理工程技术规范
[6] HJ 2015—2012　水污染治理工程技术导则
[7] JB/T 8939—1999　水污染防治设备安全技术规范
[8] NY/T 395—2012　农田土壤环境质量监测技术规范
[9] DB 11/T 783—2011　污染场地修复验收技术规范
[10] DB 43/T 1125—2016　重金属污染场地土壤修复标准
[11] T/GIA—2021　地下水污染管控或修复技术指南　漏斗门式可渗透反应墙（FGPRB）

ICS 13.140
CCS Z 32

团 体 标 准

T/SEEPLA 05—2024

四川省声环境质量自动监测系统质量保证与质量控制技术规范

2024 - 03 - 01 发布

2024 - 03 - 01 实施

四川省生态环境政策法制研究会 发 布

目　次

前　言 ……… 73
1 范围 ……… 74
2 规范性引用文件 ……………………………………………………………………………………………… 74
3 术语和定义 …………………………………………………………………………………………………… 74
4 质量保证和质量控制原则 …………………………………………………………………………………… 75
5 质量保证和质量控制目标 …………………………………………………………………………………… 76
6 声环境质量自动监测系统要求 ……………………………………………………………………………… 76
7 质量保证和质量控制内容分工 ……………………………………………………………………………… 76
8 内部质量保证和质量控制要求 ……………………………………………………………………………… 77
9 外部质量控制要求 …………………………………………………………………………………………… 82
附 录 A （资料性）内部质量保证和质量控制记录 ………………………………………………………… 85
附 录 B （资料性）外部质量监督记录 ……………………………………………………………………… 90
附 录 C （规范性）声学性能审核实验方法 ………………………………………………………………… 92

前 言

本文件按照 GB/T 1.1—2020《标准化工作导则 第1部分：标准化文件的结构和起草规则》的规定起草。

请注意本文件的某些内容可能涉及专利。本文件的发布机构不承担识别专利的责任。

本文件由四川省生态环境监测总站提出。

本文件由四川省生态环境政策法制研究会归口。

本文件起草单位：四川省生态环境监测总站、四川省成都生态环境监测中心站、四川省环境政策研究与规划院、杭州爱华仪器有限公司、珠海高凌信息科技股份有限公司。

本文件主要起草人：易丹、张倩、冯元超、钟果、黄靖劼、文奕丁、席英伟、何吉明、俸强、翟世明、余月娟、罗彬、王恒、张璐、刁剑、谢义琴、熊明华、金纪存、宋卫华、彭小芳。

本文件为首次发布。

四川省声环境质量自动监测系统质量保证与质量控制技术规范

1 范围

本文件规定了四川省声环境质量自动监测系统的质量保证与质量控制的原则、目标和要求。

本文件适用于采用声环境质量自动监测系统对四川省声环境质量进行监测时的质量保证与质量控制。

2 规范性引用文件

下列文件中的内容通过文中的规范性引用而构成本文件必不可少的条款。其中，注日期的引用文件，仅该日期对应的版本适用于本文件；不注日期的引用文件，其最新版本（包括所有的修改单）适用于本文件。

GB/T 3785.1 电声学 声级计 第1部分：规范

GB/T 12060.5 声系统设备 第5部分：扬声器主要性能测试方法

GB/T 15173 电声学 声校准器

GB/T 42553 电声学 确定声级计自由场响应修正值的方法

HJ 907 环境噪声自动监测系统技术要求

JJF 1147 消声室和半消声室声学特性校准规范

JJF 1934 超声波风向风速测量仪器校准规范

JJG 004 自动气象站风向风速传感器

JJG 431 轻便三杯风向风速表

JJG 778 噪声统计分析仪

JJG 1095 环境噪声自动监测仪

《功能区声环境质量自动监测能力建设技术要求（试行）》

《功能区声环境质量自动监测系统运行维护和质量控制技术要求（试行）》

3 术语和定义

下列术语和定义适用于本文件。

3.1

声环境质量自动监测系统 automatic environmental noise monitoring system

基于噪声监测设备、数据通信技术及计算机应用软件，实现声环境质量自动监测并实时进行数据统计分析的系统，一般由一台或多台噪声监测子站及噪声监控系统组成。

3.2

噪声监测子站 noise branch monitoring station

声环境质量自动监测系统的户外采样部分，包括全天候户外传声器、噪声采集分析单元、通信单元、电源控制单元以及机箱等配套安全防护和气象监测单元。

3.3

全天候户外传声器 all-weather outdoor microphone

有防风、防雨、防尘、防干扰设计的，以适应户外长期连续使用的传声器，包括传声器、前置放大器、风罩、雨罩、防鸟停装置等。

3.4

噪声监控系统 noise monitoring system

声环境质量自动监测系统的数据统计和分析部分，实现对噪声监测子站的运行状态监控，数据的收集、存储、审核、查询、统计、报表生成及图表展示等功能。

3.5

数据采集率 data acquisition rate（DAR）

在监测时段内，由于仪器软件及硬件故障等原因，实际采集噪声自动监测秒级数据的个数与理论上应采集噪声自动监测秒级数据的个数的百分比。

3.6

检定声压级 verification sound pressure level

声校准器检定证书所示测得的声压级。

4 质量保证和质量控制原则

4.1 系统性原则

以提升四川省声环境质量自动监测系统的整体运行质量为目标，在人员、仪器设备、记录控制、日常运维活动、质量控制活动等各方面，形成系统的质量控制体系。

4.2 规范性原则

质量保证和质量控制过程应符合相关技术要求，以符合规定要求的方式方法、仪器设备等开展操作。

4.3 可行性原则

充分考虑声环境质量自动监测技术发展现状，适当超前，科学地制定阶段性质量控制目标。

4.4 适用性原则

充分考虑四川省声环境质量的特点，采取的质量控制方法应当符合监测数据质量管理要求，有效保障监测数据质量。

5 质量保证和质量控制目标

形成声环境质量自动监测系统内部质量管理程序，有效保证内部质量控制工作有规可循。内部质量控制工作流程各环节应按照有关技术要求开展，做到方式方法统一规范，确保工作的规范性和准确性；对内部质量控制工作做到全程留痕，满足各工作环节的可追溯要求，确保工作的完整性和真实性。同时，为保证内部质量管理程序的长期稳定运转，实施外部质量控制，确保监测数据持续有效。

6 声环境质量自动监测系统要求

噪声监测子站、备用仪器及噪声监控系统应满足以下要求。

a) 设置于功能区声环境质量监测点位的声环境质量自动监测系统噪声监测子站仪器设备选型、设备安装与验收及噪声监控系统的建设应满足《功能区声环境质量自动监测能力建设技术要求（试行）》的相关要求，设置于其他声环境质量监测点位的声环境质量自动监测系统可参照执行。噪声监测子站技术指标应满足 HJ 907 中的相关要求，声学性能应符合 GB/T 3785.1 中 1 级仪器的要求，使用超过 8 年后，应根据质量控制的情况进行技术评估，适当增加运行维护和校准校验频次，保证系统运行的稳定性。

b) 在仪器故障检修或量值溯源期间，采用备用仪器开展监测。至少按照城市总站点数量的 25%配置备用仪器，备用仪器应至少包括声学测量仪器计量器具部分和气象采集单元（具备风速和雨量参数模块）。备用仪器性能与该站点噪声监测子站性能一致。

7 质量保证和质量控制内容分工

运维单位承担内部质量保证和质量控制的具体实施工作，包括建立与声环境质量自动监测匹配的质量体系，开展日常运行维护和内部质量控制，保障系统的正常运行。并接受系统主管部门开展的外部质量监督检查。

质量监督检查单位承担外部质量控制的具体实施工作，采取有效措施对运维单位在任务执行过程中的管理状况和实施情况进行必要的质量监督，并将监督结果反馈运维单位。可设置质量保证实验室对系统故障进行排查和维修，保障系统的有效运行。

8 内部质量保证和质量控制要求

8.1 基本要求

运维单位应满足以下基本要求。

a）配备与声环境质量自动监测系统日常运行任务相适应的人员、仪器设备和备件耗材等，确保系统正常运行。

b）编制运行管理制度，明确运维工作内容和报告程序、运维技术人员和管理人员的职责分工，制定年度质量控制工作计划等。

c）针对运维和日常质量控制活动中具体事项设计相关记录格式，指导运维人员开展工作。

d）日常运行维护和内部质量控制应满足《功能区声环境质量自动监测系统运行维护和质量控制技术要求（试行）》和本规范所列的相关要求。

8.2 人员要求

运维技术人员应熟悉声环境质量自动监测系统设备原理、使用和维护方法，取得相关培训证书或具有相关培训记录，能够熟练开展运维和日常质量控制工作。

运维管理人员应具有内部质量监督的能力，包括日常运维和质量控制合格判定等。

8.3 仪器设备要求

日常运行维护和内部质量控制使用的仪器设备应满足以下要求。

a）声校准器应符合 GB/T 15173 对 1 级声校准器的要求，声级计应符合 GB/T 3785.1 对 1 级声级计的要求。

b）声级计、声校准器、备用仪器、备件、耗材和工具应统一放置于设备存放间单独区域，保持日常清洁。

8.4 质量管理工作计划要求

运维单位应制定年度质量控制工作计划，内容包括质量管理目标、运维周期、运维人员培训、运维内容、质量控制措施等。运维管理人员应对出现与质量管理目标偏移的情况及时记录，采取纠正和预防措施，持续改进质量体系。

8.5 档案记录要求

内部质量保证和质量控制档案记录应满足以下要求。

a) 建立"一站一档"的声环境质量自动监测系统站点和设备信息档案、技术档案和运行档案，并保证其完整性。站点和设备信息档案包括测点名称、测点经纬度、功能区类别、传声器高度、仪器名称、仪器型号和编号、仪器厂家、运维单位、安装日期和运行年限等，技术档案包括仪器使用说明书、安装与验收档案等，运行档案包括运行管理制度、年度质量控制工作计划、人员档案、仪器设备档案、监测报表档案、运维和质量控制记录等。

b) 当站点或设备发生变化时应及时修改相关档案，并做好归档工作。

c) 各项档案应清晰、完整，可从记录中查阅和了解仪器设备的运行、检修和质量控制等全部历史资料，以对运行的仪器设备做出正确评价。

d) 应及时记录日常运维、故障检修、质量控制等相关情况，记录表格样式可参考附录 A。

e) 归档可采用纸质文件和电子文件结合的方式，纸质文件和电子文件应保持一致，并建立检索关系。可通过噪声监控系统每月备份上月原始数据、统计数据和运维质量控制记录，每年存档上年监测数据和运维质量控制记录，相关档案应永久保存。

8.6 日常运行维护要求

8.6.1 日常检查

每日通过监控系统进行日常检查，检查工作主要包括以下内容。

a) 各站点的运行状况及数据、录音等信息传输是否正常。若发现某站点信息传输异常，应立即查明原因并排除故障，短时间无法解决数据传输问题时，应及时从站点终端处人工备份数据。

b) 时间设置是否正确。声环境质量自动监测系统各单元应采用网络授时，每日通过监控系统对各站点时钟和日历设置进行检查，保证统计数据时间和监控系统时间一致，若时间偏差超过 2 s，应及时进行调整。

c) 数据是否异常，如：数据极高或极低、持续不变或与前几日平均值相差较大等。出现异常值时，应分析数据异常原因，并判断是否有效。

d) 异常状况警告信息是否处理完成。对异常状况警告信息及时处理，记录和报告可能影响监测结果的特殊情况，如：台风、暴雪、冰雹、沙尘等恶劣天气影响、噪声自动监测系统电力中断、通信中断、设备故障等异常报警、其他噪声干扰等。必要时应至现场检查和处理，排除故障。

e) 日常检查情况应每日记录，记录表格样式可参考附录 A（表 A.1）。

8.6.2 巡检及维护

应定期对声环境质量自动监测系统进行巡检及维护（至少每月1次），可根据需要提高频次，巡检及维护主要包括以下工作内容。

a）现场巡检前检查噪声监测子站及运行维护和质量控制使用的声级计、声校准器、备用仪器的计量检定证书、校准报告，并对声级计、声校准器等仪器设备进行工作状态检查确认。

b）检查子站支架、机箱外观是否完好。检查延长电缆、避雷设施等外部设备是否被损坏，是否附有异物。必要时检查传声器（包括传声器膜片）状态，如有无变形、破损等影响其灵敏度的情况。

c）检查仪器及系统的工作状态参数是否正常，电源、通信设备和辅助设施等是否稳定，如需更换，现场需用备件替代，检查维护内容见表1。

d）检查仪器的各连接线是否可靠，包括电源连接线、通信设备连接线、传声器连接线等。

e）对噪声监测子站相关单元时钟和日历设置进行核对，若时间偏差超过2 s，应及时进行调整。

f）对各站点周边200 m范围进行检查，若发现新增影响监测结果的固定声源和可能影响监测结果的其他信息时，应记录并及时报告负责该站点管理的主管部门。

g）每6个月更换1次全天候户外传声器风罩，若由于极端环境条件影响、人为破坏等特殊情况，导致风罩风化、变形、损坏等，视情况增加更换频率。更换的风罩的声学性能应与原风罩保持一致。

h）在暴雪、冰雹等恶劣天气后应对各子站进行巡检和现场声校验、声校准确认。

i）电力中断、通信中断根据实际情况进行巡检，保证声环境质量自动监测系统及时恢复正常运行，必要时采用备用仪器在原点位开展监测。

j）记录巡检及维护情况，记录表格样式可参考附录A（表A.2）。

表1 各设备检查维护内容

设备名称	维护对象	检查维护内容
传声器	传声器（包括膜片）	外观是否变形、破损
	风罩	取下风罩对其进行全面检查，如有异物及时清理，出现变形、老化、破损等影响监测的情况应及时更换
噪声分析仪	所有电参数	检查是否正常
	空开	检查有无跳闸
	网络设备	检查路由器工作状态、通讯数据传输是否正常

表 1 各设备检查维护内容（续）

设备名称	维护对象	检查维护内容
辅助设备	供电电源	是否正常运行
	太阳能蓄电池/干式蓄电池	电压是否稳定、是否欠压、漏液
	气象监测单元	根据仪器厂商提供的使用和维修手册要求，确认是否清洁、无变形、无破损
	车流量监测仪	车流量是否准确

8.6.3 年度维护

每年对软硬件进行全面检查维护，年度维护主要包括以下工作内容。

a) 根据配件的使用状态，按仪器厂商提供的使用和维修手册规定的要求，及时更换；对服务器、系统软件等进行全面检查，检查运行情况、安全漏洞、占用资源情况、剩余储存空间、是否感染病毒等，必要时应对软硬件进行升级。

b) 盘点备件库存，保证必要的备件与耗材储备，对备件或耗材更换情况进行记录，记录表格样式可参考附录 A（表 A.3）。

c) 记录年度维护情况，记录表格样式可参考附录 A（表 A.4）。

8.6.4 检修和故障处理

声环境质量自动监测系统发生故障时，应按照以下要求进行检修和故障处理。

a) 根据仪器厂商提供的使用和维修手册要求，开展故障判断和检修，应在 24 小时内响应并完成故障排查。

b) 对于在现场能够诊断明确且可通过更换备件解决的仪器故障，应及时检修并尽快恢复正常运行。对于其他不易诊断和检修的故障，应返厂维修并及时采用备用监测仪器在原点位开展监测。

c) 噪声监测子站每次故障检修完成后，应进行现场声校验、声校准确认。

d) 如涉及更换仪器关键部件（全天候户外传声器、风罩等），须提前报告负责该站点管理的主管部门。关键部件更换后，应按照 8.7.3 的要求开展 24 小时比对测试，各小时等效声级偏差应不超过±1.5 dB。

e) 记录故障检修情况，记录表格样式可参考附录 A（表 A.5）。

8.6.5 其他

声环境质量自动监测系统的日常运行维护还应满足以下要求。

a) 声环境质量自动监测系统应全年 365 天（闰年 366 天）连续运行，因仪器故障检修、量值溯源等停运超过 24 小时，须报负责该站点管理的主管部门备案，48 小时内应采取有效措施恢复正常运行。需要主动停运的，须提前报负责该站点管理的主管部门批准。

b）应保证噪声自动监测系统小时数据采集率大于 95%，否则应及时维护或检修。

c）在日常运行中因仪器故障检修、量值溯源等临时使用备用仪器开展监测的情况，或因设备报废需要更新监测仪器的，须于仪器更换后 1 周内报负责该站点管理的主管部门备案。

8.7 内部质量控制要求

8.7.1 远程自检

每日 00:00 对噪声监测子站开展 1 次远程自检，若自检灵敏度级（或声压级）与最近一次现场声校准标定的灵敏度级（或声压级）偏差超过±0.5 dB，则应进行现场声校验确认，及时查明原因，根据情况进行声校准和数据标记，必要时应对仪器进行检修。自检不得改变声学测量设备灵敏度。远程自检结果记录在表 A.1 每日检查记录表中。

8.7.2 声校准和声校验

应按照以下要求开展噪声监测子站的声校准和声校验。

a）噪声监测子站在系统通过验收，正式使用前进行声校准，此后应至少每月开展 1 次现场声校验和声校准，可根据需要提高频次。现场作业时，应先进行声校验，再进行声校准。

b）声校验时，将声校准器耦合到传声器上，待声学测量仪器示值稳定后，不改变仪器的灵敏度直接测量声校准器声压级，将仪器显示的声压级与经自由场修正后的声校准器检定声压级进行比较，偏差不应大于±0.5 dB。否则，应及时查明原因，做好数据标记。

c）声校准时，将声校准器耦合到传声器上，待声学测量仪器示值稳定后，对仪器的灵敏度进行校准，使仪器显示的声压级与经自由场修正后的声校准器检定声压级保持一致。若无法进行声校准，应对仪器进行检修。

d）声学测量仪器输入的自由场修正值应使用仪器使用和维修手册中给出的数值，自由场修正值可按照 GB/T 42553 在仪器使用和维修手册中明确规定。

e）记录声校准和声校验结果，记录表格样式可参考附录 A（表 A.6）。

8.7.3 比对测试

应按照以下要求开展比对测试。

a）采用手持式声级计为参比设备，分别于噪声监测子站量值溯源之前和之后 4 个月左右对所有监测点位的噪声监测子站各开展 1 次 24 小时连续比对测试，每年至少两次，每次比对测试参比监测数据和自动监测数据每小时等效声级偏差绝对值不应超过±1.5 dB。

b）比对测试不合格的情况应及时查明原因，做好记录，必要时应对仪器进行检修、更换。

c）测试步骤：

1）将参比设备和噪声监测子站的时间调整到一致（精确到秒）；

2）分别对参比设备和噪声监测子站开展校准，保证设备正常运行；

3）将参比设备和噪声监测子站传声器置于同等高度，二者水平距离不得超过 0.5 m；

4）启动设备，连续运行 24 小时；

5）停止设备，记录并计算比对测试结果；

6）对参比设备和噪声监测子站进行测后声校验，测量前后的示值偏差不得大于±0.5 dB，否则测量无效。

d）测前声校准和测后声校验应使用同一台声校准器。记录表格可参考表 A.7。

8.7.4 量值溯源

噪声监测子站整机（含全天候户外传声器）应按照 JJG 1095（或 JJG 778）的要求检定/校准合格，气象采集单元风速测量模块应检定/校准合格，运行维护和质量控制使用的声校准器和声级计应检定/校准合格，并在有效使用期限内使用，检定/校准周期不应超过 1 年。

9 外部质量控制要求

9.1 质量监督检查

9.1.1 基本要求

质量监督检查应满足以下基本要求。

a）质量监督检查单位应制定年度质量监督检查计划，明确检查内容和检查安排。

b）质量监督检查人员应熟悉内部质量保证和质量控制的要求，具备质量控制合格判定的能力。从事质量监督检查的相关人员不得从事内部质量保证和质量控制工作。

c）内部质量保证和质量控制使用的仪器设备不得同时用于外部质量监督。同时，外部质量监督使用的声校准器应符合 GB/T 15173 对 1 级声校准器的要求，声级计应符合 GB/T 3785.1 对 1 级声级计的要求，应检定合格并在有效使用期限内。

9.1.2 检查内容

包括运维管理检查、运维情况检查、内部质量控制情况检查等，并采用现场核查运维人员操作、数据传输一致性检查、三方比对测试等方式作为外部质量监督检查。检查人员应及时记录检查情况，记录表格样式可参考附录 B。

三方比对测试应按照 8.7.3 的要求开展，各小时等效声级偏差应不超过±1.5 dB，测试时间在年度质量监督检查计划中明确。

9.1.3 结果反馈

质量监督结束后，质量监督检查单位应将检查结果反馈运维单位。有整改要求的，运维单位需将整改报告和相关材料提交质量监督检查单位审核。质量监督检查单位应及时反馈审核结果，并向系统主管部门提交质量监督检查结果。

9.1.4 记录和归档

外部质量监督的各类记录和报告等应每年存档。

9.2 质量保证实验室

9.2.1 主要功能

对监测仪器和设备进行声学性能审核，对发生故障的仪器设备进行检修或更换等。声学性能审核实验方法见附录C。

9.2.2 基本要求

质量保证实验室应满足以下基本要求。

a）大小应能保证操作人员正常工作，并应满足消声箱的安装，净空间高度大于2.7 m。
b）应选在环境噪声干扰小，环境振动小的地方，宜选择在一楼。
c）应采用隔音门窗结构，并设置缓冲间，防止灰尘和泥土带入实验室。
d）应安装环境条件控制设备，保证实验室温度在23℃±3℃，相对湿度在30%～90%，静压在97～103 kPa。
e）供电电源电压为220 V，供电系统应配有电源过压、过载和漏电保护装置，实验室要有良好的接地线路。
f）应选用低噪声通风及空调设备，保持室内空气清洁。
g）应配置必要的实验工作台和存储柜。
h）应配备仪器测试、维修用设备和工具，配备必要的备用监测仪器和零配件等。
i）多个噪声监测子站可共用1个质量保证实验室。

9.2.3 仪器设备配备

质量保证实验室应配备声环境质量自动监测系统质量保证和质量控制相关的仪器设备，基本仪器设备配置清单见表2。

表2 质量保证实验室基本仪器设备配置清单

编号	仪器名称	技术要求	数量	用途
1	多功能声校准器	符合GB/T 15173 1级或LS级。	1	监测子站声学性能现场和室内检测
2	便携信号发生器	频率范围：10 Hz～80 kHz（±0.2 dB），1 Hz～10 Hz（±1 dB）；输出信号类型：正弦波、扫频正弦波、扫幅正弦波、正弦波猝发音、白噪声、窄带白噪声（1/3OCT）、粉红噪声、窄带粉红噪声（1/3OCT）。	1	监测子站声学性能现场检测

表 2 质量保证实验室基本仪器设备配置清单（续）

编号	仪器名称	技术要求	数量	用途
3	消声箱	符合 JJF 1147；截止频率<250 Hz；本底噪声≤25 dB。	1	监测子站声学性能室内测试
4	测量放大器	测量范围：电压测量范围 15 μV～10 V，声压测量范围 20 dB～140 dB；频率范围 4 Hz～75 kHz（±0.2 dB）；频率计权和时间计权符合 GB/T 3785.1 1 级。	1	监测子站声学性能室内测试，在消声箱内使用
5	测量传声器	自由场型，频率范围 10 Hz～20000 Hz。	1	
6	前置放大器	直径 1/2 英寸，频率范围 10 Hz～200000 Hz。	1	
7	功率放大器	输出功率 20 W；输入阻抗 100 kΩ；频率响应±0.2 dB（20 Hz～20 kHz），±1 dB（10 Hz～100 kHz）；失真度<0.5%（20 Hz～20 kHz）。	1	
8	测试声源	符合 GB/T 12060.5，频率范围 400 Hz～200000 Hz。	1	
9	电信号配合器	内置 20 pF 电容，可以取代测试传声器输入电信号。	1	监测子站声学性能现场测试
10	多功能声级计	符合 GB/T 3785.1 1 级，配置统计分析、频谱分析功能。	1	监测子站比对测试
11	风速仪	符合 JJF 1934、JJG 004 或 JJG 431。	1	气象监测单元风速参数模块的风速值核对

T/SEEPLA 05—2024

附 录 A
（资料性）
内部质量保证和质量控制记录

表 A.1 给出了日常检查情况记录表格样式，表 A.2 给出了现场巡检情况记录表格样式，表 A.3 给出了备机、备件或耗材更换情况记录表格样式，表 A.4 给出了年度维护情况记录表格样式，表 A.5 给出了检修情况记录表格样式，表 A.6 给出了现场声校准和声校验情况记录表格样式，表 A.7 给出了比对测试情况记录表格样式。

表 A.1 每日检查记录表

站点名称	检查日期	检查项目	检查结果	每日检查小结	
				结果	异常情况处理记录
		自检偏差检查	自检前基准示值：_____dB 自检后示值：_____dB 偏差：____dB 结果判定：□合格 □不合格	□正常 □异常	
		信息传输及运行状态检查	□正常 □异常		
		时钟/日历检查	□正常 □异常		
		数据状态检查（数据标记）	□正常 □异常		
		数据异常情况检查	□正常 □异常		
		异常状况警告信息检查	□正常 □异常		
检查人员：			复核人员：		
注：采用"√"的方式选择。					

表 A.2 现场巡检记录表

站点名称			巡检日期	年 月 日	
巡检情况					
检查项目	检查对象	检查内容	检查结果		备注
设备工作状态检查	噪声监测子站及用于运维质量控制的声级计、声校准器、备用仪器	检定证书、校准证书是否齐全，设备是否溯源合格并在有效使用期限内，声级计、声校准器能正常使用	□符合 □不符合		
噪声监测子站外观检查	支架、机箱、延长电缆、避雷设施、各连接线等	是否变形、破损，支架能否适应维护或声校准操作等	□正常 □异常		

表 A.2 现场巡检记录表（续）

检查项目	检查对象	检查内容	检查结果	备注
周边环境检查	点位规范性和环境稳定性	噪声监测子站 200 m 范围内是否新增可能影响监测结果的固定声源或其他情况	□符合 □不符合	
		不符合时记录： 新增固定声源：_____ 新增临时声源：_____ 测点参照物变化：_____ 周边环境现状变化：_____ 其他情况记录：_____	/	
噪声监测子站全天候户外传声器检查	传声器	外观是否变形、破损，是否需要清洁、更换等	□正常 □异常	
	防风罩	是否需要清洁或更换	□正常 □异常	
噪声监测子站质量控制检查	/	声校验	□合格 □不合格	
	/	声校准	□正常 □异常	
	/	比对测试	□合格 □不合格	
噪声监测子站时间检查	时钟/日历	显示和设置核对	□正常 □异常	
噪声监测子站噪声采集分析单元和数据存储单元、通信单元检查	所有电参数	检查是否正常	□正常 □异常	
	空开	有无跳闸	□正常 □异常	
	网络设备	通信是否正常	□正常 □异常	
噪声监测子站辅助单元检查	供电电源	是否正常运行	□正常 □异常	
	光能设备	是否正常运行	□正常 □异常	
	显示屏	显示及播放是否正常	□正常 □异常	
	车流量设备	车流量监测是否正常	□正常 □异常	
	视频设备	显示及播放是否正常	□正常 □异常	
	气象采集单元	是否正常运行，是否变形或破损	□正常 □异常	
		清理灰尘和污垢等	□正常 □异常	
	蓄电池	电压是否稳定、是否欠压、漏液	□正常 □异常	
监控系统检查	数据备份	每月进行数据和档案备份	□正常 □异常	
巡检小结				
巡检结果	□正常 □异常			
异常情况处理记录				
巡检人员：	复核人员：			
注：采用"√"的方式选择；未检查则不用标识。				

T/SEEPLA 05—2024

表 A.3 备机、备件或耗材更换记录表

站点名称							
序号	备机、备件或耗材名称	规格型号	数量	更换原因	更换日期（备机注明替换起止日期）	检查人员	复核人员

表 A.4 年度维护记录表

站点名称			维护日期	年　月　日	
设备工作状态检查					
检查项目	维护对象	检查维护内容	检查结果		备注
外部件保养	机箱、支架等	整体清洁、设备稳固、修补等	□正常	□异常	
用电安全检查	电路、线路	电路、线路的各种接头是否老化，有隐患的及时排除更换	□正常	□异常	
监控系统检查	服务器	存储空间是否正常	□正常	□异常	
		数据库表空间是否正常	□正常	□异常	
		查看安全漏洞，是否感染病毒等	□正常	□异常	
		软硬件是否升级	□正常	□异常	
	数据备份	检查年度数据和档案备份及存档	□正常	□异常	
备件、耗材盘点	备品备件	按年度备件数量盘点，不够的补充	□正常	□异常	
	耗材	按年度耗材数量盘点，不够的补充	□正常	□异常	
其他			□正常	□异常	
年度维护小结					
维护结果	□正常　□异常情况已处理　□异常情况无法处理需进行故障检修				
异常情况处理记录					
维护人员：			复核人员：		
注：采用"√"的方式选择；未检查则不用标识。					

表 A.5 检修记录表

站点名称			发现故障时间	
到达现场时间			完成检修时间	
数据缺失时段				
全天候户外传声器	设备型号及编号			
	检修情况描述			
	更换部件			
	修复后确认	声校验：□合格 □不合格 声校准：□正常 □异常		
噪声采集分析单元	设备型号及编号			
	检修情况描述			
	更换部件			
数据存储单元	设备型号及编号			
	检修情况描述			
	更换部件			
通信单元	设备型号及编号			
	检修情况描述			
	更换部件			
气象采集单元	设备型号及编号			
	检修情况描述			
	更换部件			
其他（　　）	设备型号及编号			
	检修情况描述			
	更换部件			
检修情况总结：				
检修人员：			复核人员：	
注：检修情况描述包括故障描述和处理过程。				

表 A.6 现场声校准和声校验记录表

站点名称								
设备		□噪声监测子站 □备用仪器						
现场操作日期	声校准器信息			声校验			声校准	
	型号/编号	检定合格日期	检定声压级 dB	测量值 dB	与检定声压级偏差 dB	结果判定	校准值 dB	结果判定
						□合格 □不合格		□正常 □异常
现场操作人员：					复核人员：			

表 A.7 比对测试记录

城市名称			站点名称	
噪声监测子站型号/编号			噪声监测子站使用的声校准器型号/编号	
噪声监测子站校准信息	检定声压级：		测前校准值：	测后校验值：
参比监测仪器型号/编号			参比监测仪器使用的声校准器型号/编号	
参比监测仪器校准信息	检定声压级：		测前校准值：	测后校验值：
测试开始日期			天气状况	
测试单位			测试人员	
比对测试数据				
监测时间	噪声监测子站 dB（A）		参比监测 dB（A）	偏差 dB（A）
10 分钟				
第 1 小时				
第 2 小时				
……				
第 24 小时				
结果判定		□合格 □不合格		
现场操作人员：			复核人员：	

附 录 B
（资料性）
外部质量监督记录

表 B.1 给出了外部质量监督检查情况记录表格样式。

表 B.1 外部质量监督检查记录表

城市名称		检查时间	
运维单位名称		质量监督检查单位名称	
站点名称			
检查类型	检查内容	检查结果	不符合情况描述
日常运行管理	编制运维管理规定和年度运维质控工作计划等，内容完整	□符合 □不符合	
	与运维和内部质控相关的原始记录、仪器使用记录等表格受控	□符合 □不符合	
	运维技术人员相对固定，人数足够，且取得相关培训证书或具有相关培训记录	□符合 □不符合	
	运维和内部质控使用的1级声校准器、1级声级计及备用仪器的声级计部分和气象监测单元风速参数模块均溯源合格，并在有效使用期限内，且数量足够，有专门放置区域	□符合 □不符合	
	站点和设备信息档案、技术档案和运行档案齐全，内容完整，按要求存档	□符合 □不符合	
	原始数据、统计数据和运维质控记录按要求备份和存档	□符合 □不符合	
日常运行维护	日常检查内容完整，处理及时合理，记录完备	□符合 □不符合	
	巡检维护内容完整，处理及时合理，记录完备	□符合 □不符合	
	年度维护内容完整，处理及时合理，记录完备	□符合 □不符合	
	故障检修及时合理，记录完备	□符合 □不符合	
	故障检修、量值溯源、临时使用备用仪器、设备报废更新监测仪器等情况的备案程序履行情况满足要求	□符合 □不符合	
	小时数据采集率和年度数据采集率大于95%	□符合 □不符合	

表 B.1 外部质量监督检查记录表（续）

检查类型	检查内容	检查结果	不符合情况描述
内部质量控制	每日远程自校验记录完备	□符合 □不符合	
	远程自校验偏差大于 0.5dB 时处理及时	□符合 □不符合	
	每月例行及恶劣天气或故障检修等特殊情况后的声校验和声校准记录完备	□符合 □不符合	
	比对测试结果满足要求，记录完备	□符合 □不符合	
	量值溯源满足要求	□符合 □不符合	
外部质量监督现场检查	现场检查巡检及维护操作规范	□符合 □不符合	
	监测子站原始数据与监控平台数据一致	□符合 □不符合	
	现场检查声校验和声校准操作规范	□符合 □不符合	
	现场检查比对测试操作规范	□符合 □不符合	
	三方比对测试（运维单位、质量监督检查单位和噪声监测子站）结果满足要求	□符合 □不符合	
注：采用"√"的方式选择；未检查则不用标识。			
整改意见			
	监督检查人员： 监督检查负责人： 检查时间：		
改进情况			
	运维技术人员： 运维单位管理人员： 完成整改时间：		
复核情况			
	监督检查人员： 监督检查负责人： 复核时间：		

附 录 C
（规范性）
声学性能审核实验方法

C.1 指示声级调整（量值传递）

测试设备链接如图 C.1 所示，在消声箱中使用 LS 级或 1 级声校准器，依据使用说明书提供的校准方法和要求调整数据，对监测仪调整前后的指示声级进行记录。

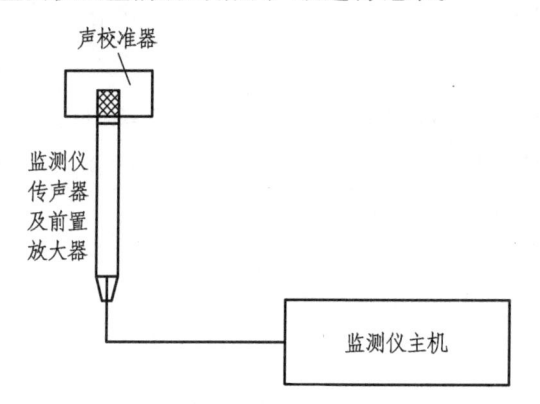

图 C.1 指示声级调整的测试设备连接示意图

C.2 频率响应测试

C.2.1 室内消声箱环境

对于监测仪频率响应测试在图 C.2 所示的消声箱内进行，在 500 Hz、1 kHz、2 kHz、4 kHz、8 kHz 声源工作时的声压级应比声源不工作时的声压级高至少 30 dB。

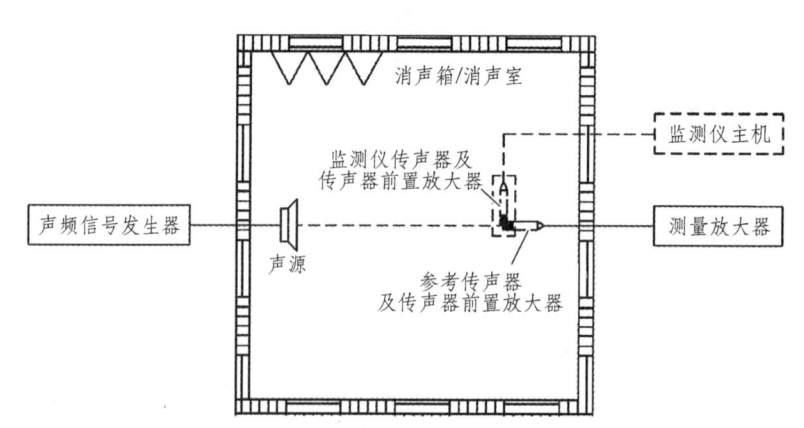

图 C.2 频率响应测试（使用消声箱）测试设备连接示意图（以 90°入射为例）

测试步骤如下。

a）按图 C.2 所示连接好各仪器，使参考传声器轴线与声源轴线重合，且传声器中心距离声源表面至少为 1.0 m。

b）调节声源的输出信号级，使其在参考传声器上产生 1 个参考声压级。在所有测试频率上，声源工作时的声压级应比声源不工作时的声压级高至少 30 dB。记录参考传声器测得的未经频率计权的声压级。

c）监测仪置于参考级范围和 F 时间计权，将监测仪的传声器（安装风罩、雨罩、防鸟停装置等附件，图 C.2 中对应虚线部分）替代参考传声器，并使其参考方向与声源轴线重合，此时监测仪传声器的参考点应与之前参考传声器参考点位置相同。保持声源的输出信号级相同，记录在每个测试频率上监测仪频率计权声级的示值。

d）在每个测试频率上，监测仪频率计权声级示值减去参考传声器测得的未经频率计权的声压级，即为监测仪频率计权值。该频率计权值应满足表 C.1 的要求。

e）此测试方法均适用于安装户外风罩和取下风罩的情况。

表 C.1 频率响应接受限

标称频率/Hz	接受限
500	±1.0
1000	±0.7
2000	±1.0
4000	±1.0
8000	+1.5；−2.5

C.2.2 现场环境

C.2.2.1 声校准

选择多功能声校准器，在 1 kHz 校准频率上，监测仪显示的声级示值和声校准器的声级的偏差不应超过±0.3 dB。

C.2.2.2 声信号测试

选择多功能声校准器输出声压级，该声压级至少应比背景噪声高 30 dB。分别读出监测仪在 250 Hz、500 Hz、1 kHz、2 kHz、4 kHz 各点对应的 Z 频率计权声级的示值，计算各频率计权声级与多功能声校准器对应频率声压级的差值，作为各频率的 Z 频率计权值。该频率计权值应满足表 C.1 的要求。

C.2.2.3 电信号测试

将便携信号发生器与监测仪连接好，便携信号发生器的频率设置为 1 kHz，调整便携信号发生器的输出电压，使监测仪的声压显示规定的值。保持便携信号发生器的输出电压不变，调整便携信号发生器的频率，分别读出监测仪在 250 Hz、500 Hz、1 kHz、2 kHz、4 kHz 各点对应的 AC 频率计权声级的示值，计算 AC 频率计权声级与规定声级示值的差值，作为各频率的 AC 频率计权值。该频率计权值应满足表 C.1 的要求。

C.3 自生噪声测试

C.3.1 室内消声箱环境（声信号）

监测仪设置在最灵敏的级范围上并放置在不会引起自生噪声增加的低噪声声场中，记录监测仪上所有提供的频率计权上的 A 计权自生噪声声级。自生噪声级应测量至少 30 s 的平均声级。监测仪的自生噪声声压级的测得值不应超过使用说明书给出的最高自生噪声声压级。

注：监测仪的示值受背景噪声以及自生噪声的影响，自生噪声级仅作为信息报告，不用于判断是否合格。

C.3.2 现场环境（电信号）

用电信号输入设备替换传声器并按使用说明书中测量相应自生噪声级的规定进行短接后，用与安装传声器相同的程序测量时间平均或时间计权自生噪声指示声级。自生噪声级应测量至少 30s 的平均声级。监测仪的自生噪声声压级的测得值不应超过使用说明书给出的最高自生噪声声压级。

注：监测仪的示值受背景噪声以及自生噪声的影响，自生噪声级仅作为信息报告，不用于判断是否合格。

测试过程和结果按照报告模板表 C.2 进行记录。

表 C.2 测试报告模板

室内测试环境及条件：			
温度/°C		相对湿度/%	
静压/kPa			

测试地点：	

测试主要设备			
名称	级别/精度	编号	备注

表 C.2 测试报告模板（续）

名称	级别/精度	编号	备注

测试项目
一、声校准

校准器声压级：____dB　　　　　　　传声器型号及编号：

监测仪在测试环境下指示的声压级：_____dB

二、频率计权（自由场法）

备注是否带风罩：带□/不带□　　　入射角度：0°□/90°□

标称频率/Hz	频率计权			接受限
	A	C	Z	
500				±1.0
1000				±0.7
2000				±1.0
4000				±1.0
8000				+1.5；-2.5

三、自生噪声

在自由场环境下，监测仪在最灵敏的级范围下，由传声器输入的底噪为：_____dB

说明书给出的最高自生噪声声压级为：_____dB

ICS 13.060.01
CCS Z 10

团 体 标 准

T/SEEPLA 06—2024

实验室方法验证技术规范 水质高锰酸盐指数自动分析仪

Guidance on verification in laboratory water quality automatic analyzer of permanganate index

2024 - 08 - 19 发布　　　　　　　　　　　　　　　　2024 - 08 - 19 实施

四川省生态环境政策法制研究会　发 布

目　次

前　言 ·· 99
1　范围 ·· 100
2　规范性引用文件 ·· 100
3　术语和定义 ·· 100
4　自动分析仪方法验证 ·· 101
附录 A（资料性）水质高锰酸盐指数自动分析仪方法验证报告 ··· 107
参考文献 ··· 116

前 言

本文件按照 GB/T 1.1—2020《标准化工作导则 第 1 部分：标准化文件的结构和起草规则》的规定起草。

本文件由四川省生态环境监测总站提出。

本文件由四川省生态环境政策法制研究会归口。

本文件起草单位：四川省生态环境监测总站、四川省成都生态环境监测中心站。

本文件验证单位：四川省宜宾生态环境监测中心站、四川省广安生态环境监测中心站、四川省达州生态环境监测中心站、四川省阿坝生态环境监测中心站、成都市污染源监测中心青白江监测站、成都市污染源监测中心龙泉驿监测站。

本文件主要起草人：史箴、陈燕梅、万旭、程小艳、王萍、刘宇嘉、陈勇、侯晓玲、唐瑜、屈秋、李亚琴、冯欣怡、欧发刚、唐微微、常丽萍、范力。

T/SEEPLA 06—2024

实验室方法验证技术规范 水质高锰酸盐指数自动分析仪

1 范围

本文件规定了实验室水质高锰酸盐指数自动分析仪开展检测工作前，对自动分析仪系统适应性、整体性能、方法特性指标、人机比对结果等进行验证的要求。

本文件适用于实验室水质高锰酸盐指数自动分析仪使用前开展方法验证。

2 规范性引用文件

下列文件中的内容通过文中的规范性引用而构成本文件必不可少的条款。其中，注日期的引用文件，仅该日期对应的版本适用于本文件；不注日期的引用文件，其最新版本（包括所有的修改单）适用于本文件。

GB 11892 水质 高锰酸盐指数的测定

HJ 91.2 地表水环境质量监测技术规范

HJ 168 环境监测分析方法标准制订技术导则

3 术语和定义

下列术语和定义适用于本文件。

3.1

高锰酸盐指数 permanganate index

在一定条件下，用高锰酸钾氧化水样中的某些有机物及无机还原性物质，由消耗的高锰酸钾量计算相当的氧量。

注：高锰酸盐指数是反映水体中有机及无机可氧化物质污染的常用指标。高锰酸盐指数不能作为理论需氧量或总有机物含量的指标，因为在规定的条件下，许多有机物只能部分地被氧化，易挥发的有机物也不包含在测定值之内。

3.2

自动分析仪方法验证 verification of detection methods by automatic analyzer

提供客观的证据，证明实验室使用自动分析仪出具的检测数据满足对应分析方法标准的要求。

3.3

人机比对 man-machine comparison

指将自动分析仪与人工测定结果进行比较，以此衡量自动分析仪测定结果的准确性。

3.4

前处理位 pre-processing station

指在水质高锰酸盐指数自动分析仪的构成中，实现样品前处理（水浴加热）的部件单元，包括单个或多个前处理的位置。

3.5

重复性 replicability

指使用同一仪器的相同前处理位，在同一工作条件下，对相同试样所做多次测试结果之间的一致程度。

3.6

平行性 parallelity

指使用同一仪器的不同前处理位，在同一工作条件下，对相同试样所做多个测试结果之间的一致程度。

3.7

正确度 trueness

多次重复测量所测得的量值与1个参考量值的一致程度。

3.8

空白试验 blank test

指对不含待测物质的样品，用与实验室样品同样的操作步骤进行的试验。对应的样品称为空白样品，简称空白。

4 自动分析仪方法验证

4.1 方法验证的时机

开展方法验证的时机包括但不限于实验室在首次使用水质高锰酸盐指数自动分析仪之前。当自动分析仪进行较大维修或更换主要零部件，再次投入使用之前，均应重新进行方法验证。

4.2 系统适应性

确定水质高锰酸盐指数自动分析仪分析原理、仪器构成、分析条件、验证人员，试剂耗材和标准物质、环境和技术支撑等方面满足 GB 11892 的要求和特定检测过程的要求。

酸性法：符合标准 GB 11892 中规定，即样品中加入已知量的高锰酸钾和硫酸，在沸水浴中加热 30 min，高锰酸钾将样品中的某些有机物和无机还原性物质氧化，反应后加入过量的草酸钠还原剩余的高锰酸钾，再用高锰酸钾标准溶液回滴过量草酸钠，通过计算得到样品中的高锰酸盐指数。

碱性法：符合标准 GB 11892 附录中规定，即当样品中氯离子浓度高于 300 mg/L 时，采用在碱性介质中，用高锰酸钾氧化样品中的某些有机物及无机还原性物质。具有碱性法的自动分析仪根据使用情况参照本规范，增加碱性法验证。

4.2.1 人员

实验室应安排具有从事 GB 11892 分析方法经历的人员负责方法验证计划的制定和实施。参加方法验证的人员应接受相关培训，熟悉和掌握标准方法原理、仪器使用和维护、试验步骤、数据处理方法以及质量控制技术等。

4.2.2 标准物质及关键试剂耗材

按照 GB 11892 的要求准备试剂、耗材和标准物质。同时应考虑试剂材料与水质高锰酸盐指数自动分析仪分析条件的适应性，对关键试剂（草酸等）按分析方法标准要求进行验收。

4.2.3 环境条件

大气压对水浴沸腾温度有较大影响，应记录大气压和沸水浴温度，确认是否满足标准方法要求。

4.2.4 仪器设备

提供材料证明水质高锰酸盐指数自动分析仪满足下列要求。

a）仪器原理确认：按照 GB 11892 对水质高锰酸盐指数自动分析仪进行原理确认，加热方式为水浴加热，可持续沸腾，接受模拟人眼对滴定终点的判断。

b）量值核查：开展水质高锰酸盐指数自动分析仪整机或计量部件校准或核查。注射进样模块的试剂加入量精度±0.1 mL；水浴氧化分析模块中水浴能持续沸腾，加热时间控制精度±20 s（水浴沸腾开始计时）；沸水浴的水面必须高于样品瓶内的液面；滴定分析加入量精度±0.05 mL；由颜色传感器确定滴定终点。

c）仪器管理要求：按照仪器管理要求建立仪器设备档案，设备标签中包含仪器构成简图、对应分析方法标准等信息。

d）仪器分析条件：根据仪器实际分析情况，选择最佳的实验参数条件，并进行设置，仪器关键条件（如取样量、试剂量、滴定间隔时间、滴定温度等）应与 GB 11892 一致。

e) 检测数据表征：水质高锰酸盐指数自动分析仪应提供分析方法标准计算所需要的数据信息，包括取样量、加入的试剂量、滴定终点体积等，且提供的数据带入分析方法标准公式，计算出的检测结果与仪器提供的检测结果应一致。

高锰酸盐指数（I_{Mn}）以每升样品消耗毫克氧数来表示（O_2，mg/L），按公式（1）计算。

$$I_{Mn}=\frac{\left[(10+V_1)\frac{10}{V_2}-10\right]\times C\times 8\times 1000}{100} \quad\cdots\cdots\cdots\cdots(1)$$

式中：

V_1——样品滴定时，消耗高锰酸钾溶液体积，mL；

V_2——标定时，所消耗高锰酸钾溶液体积，mL；

C——草酸钠标准溶液，0.0100 mol/L。

如样品经稀释后测定，按公式（2）计算：

$$\frac{\left\{\left[(10+V_1)\frac{10}{V_2}-10\right]-\left[(10+V_0)\frac{10}{V_2}-10\right]\times f\right\}\times C\times 8\times 1000}{V_3} \quad\cdots\cdots\cdots\cdots(2)$$

式中：

V_0——空白试验时，消耗高锰酸钾溶液体积，mL；

V_3——测定时，所取样品体积，mL；

f——稀释样品时，蒸馏水在 100 mL 测定用体积内所占比例（例如：10 mL 样品用水稀释至 100 mL，则 $f=\frac{100-10}{100}=0.90$）

4.2.5 技术支撑

实验室应按照 GB 11892 的要求编制作业指导书和分析原始记录。

a) 作业指导书：应编制水质高锰酸盐指数自动分析仪操作技术规程，内容包含自动分析仪的参数设置、开机关机流程、使用及维护工作、环境条件要求、期间核查规定等。

b) 分析原始记录：应编制水质高锰酸盐指数自动分析仪专用分析原始记录，满足记录信息的全面性、准确性，确保检测数据的溯源性。如果自动分析仪能提供满足信息要求的原始记录表单，可纳入体系文件受控管理并使用。

4.3 自动分析仪整体性能验证

4.3.1 整体效果验证

在进行样品分析测试前，须对每个前处理位（水浴加热位）进行验证。在分析方法标准的适用范围内，选择至少包括高、低浓度的有证标准样品进行测定，每个浓度样品测定次数 n≥3，结果均须在保证值范围。若结果不在保证值范围，对于前处理位无法单独选择的，应维修后再验证。对于可选择前处理位的，无法满足保证值要求的前处理位，应该注明并禁止使用；如果不满足要求的前处理位数多于总数的30%，应维修后再验证。

4.3.2 残留考察

具备自动定量取样功能的高锰酸盐指数自动分析仪，在分析完接近方法标准测定上限样品后，在同一反应杯再次分析空白样品，其结果应低于方法检出限；如空白样品结果高于检出限，应逐级降低测试浓度（原则上，浓度不低于上次的1/2）进行残留考察。

实际样品分析过程中，若样品浓度值高于残留考察合格的最高浓度，其相同反应杯的后续样品结果存疑，应复测。不具有自动定量取样功能的高锰酸盐指数自动分析仪可不进行残留考察。

4.4 方法性能指标验证

4.4.1 空白试验

选取水质高锰酸盐指数自动分析仪任意前处理位（水浴加热位）进行空白试验，实验室空白样品数量 $n \geq 2$，空白样的结果应小于方法检出限。

4.4.2 方法检出限及测定下限

按照 HJ 168 附录 A.1.1（a），取空白样品进行方法验证检出限验证，计算测定下限，测定下限应达到 GB 11892 的要求。若新颁布分析方法标准另有要求，可参照开展方法检出限验证和评判。

验证实验中，选取 7 个前处理位，按照样品分析的全部步骤分析空白样品，将测定结果换算为样品的浓度，按公式（3）计算方法检出限。如前处理位（水浴加热位）数<7，分批次测定，至少满足水浴加热位≥7。

$$MDL = t_{(n-1,0.99)} \times S \quad \cdots\cdots\cdots\cdots\cdots\cdots\cdots\cdots\cdots\cdots\cdots （3）$$

式中：

MDL——方法检出限；

$t_{(n-1,0.99)}$——自由度为 n-1，置信度为 99%时的 t 分布（单侧）的系数，t_6=3.143；

S——n 次重复测定的标准偏差。

以 4 倍检出限作为测定下限。

4.4.3 精密度

4.4.3.1 基本要求

在标准方法适用范围内的各种基质类型中，选择高、低两个浓度有检出的实际样品进行方法精密度验证。无论使用何种样品，均应包含前处理（水浴加热）和分析测试全部流程。根据自动分析仪结构和验证位置的不同，精密度验证包括重复性和平行性。单个前处理位（水浴加热位）的不做平行性验证。在验证时，应尽可能涵盖时间、人员、检测中使用的试剂和消耗品、环境条件、其他不可控的微小因素的影响。在测定范围内，高锰酸盐指数自动分析仪重复性和平行性的实验室相对标准偏差应满足≤10%的要求。

4.4.3.2 重复性

单个前处理位（水浴加热位）的水质高锰酸盐指数自动分析仪，或多个前处理位（水浴加热）水质高锰酸盐指数自动分析仪固定同一前处理位，按照分析方法标准要求，采用实际样品进行6次测定，计算相对标准偏差。

4.4.3.3 平行性

选择6个前处理位（水浴加热位），如前处理位（水浴加热位）数<6，分批次测定，至少满足平行测定次数≥6，按照分析方法标准要求，采用实际样品进行测定，计算相对标准偏差。

4.4.4 正确度

采用有证标准物质测定进行正确度的验证，测定过程应覆盖样品分析的全过程。采用高、低两个不同浓度的有证标准样品，选择任3个前处理位（水浴加热位），测定次数≥3，结果应在有证标准物质保证值范围内（$K=2$）。

4.5 人机比对

自动分析与手工分析结果进行比对，采用有证标准样品和实际样品进行比对。

有证标准样品选用高、低两个不同浓度。实际样品在饮用水、水源水、地表水和地下水四种中选择任意两种做人机比对。如实际工作中不涉及的类型，可以不比对。在测定范围内，人机比对的相对误差范围应≤15%。

4.6 实际样品监测

方法性能指标验证合格后，在机构内部按照自身管理体系要求开展一次完整的监测活动，包括但不限于：样品采集和保存、样品制备、分析测试、质量控制、结果计算和出具监测报告等。

在标准方法适用范围内的每种基质类型中，至少选择1个有检出的实际样品进行测定，应尽量选择与精密度验证不同的样品。

4.7 方法验证报告的编制

4.7.1 审核与批准

方法验证的过程及结果应形成报告，并经技术审核和批准。

4.7.2 内容

方法验证报告的内容应至少包括：方法名称、适用范围，系统整体适应性确认结果，方法性能指标验证结果，人机比对结果，实际样品监测过程与结果，方法验证结论，报告编制人、审核人、批准人的识别及日期等。具体见附件A。

4.7.3 记录

方法验证过程中应记录的内容至少包括：验证人员的培训和技术能力确认的相关记录；验证所用仪器设备的相关信息；标准物质及关键试剂耗材的验收记录；环境条件记录的相关记录；自动分析仪特性指标验证的相关记录；方法性能指标验证相关记录；实际样品采集、保存、流转、前处理、分析和质量控制的相关记录；监测报告等。

4.7.4 保存

保存方法验证报告和全过程的记录，确保方法验证过程可追溯，验证结果可复现。

附 录 A
（资料性）
水质高锰酸盐指数自动分析仪方法验证报告

A.1 方法名称及适用范围

《水质 高锰酸盐指数的测定》（GB 11892）测定饮用水、水源水和地面水中高锰酸盐指数，测定范围 0.5 mg/L-4.5 mg/L。本方法是使用高锰酸盐指数自动分析仪，原理满足 GB 11892 中酸性法（或碱性法）。

A.2 系统适应性

A.2.1 人员

参加方法验证人员（××人）具有从事高锰酸盐指数 GB 11892 分析方法的经历，熟悉和掌握 GB 11892 分析方法标准方法原理、掌握高锰酸盐指数自动分析仪器的使用和维护、试验步骤、数据处理方法以及质量控制技术等。通过了单位组织的培训和能力确认，验证人员培训、资格确认及持证情况等证明材料见附件1。方法验证人员制定和实施了方法验证计划。

注：附件1中包括人员职称、所学专业、参加相关监测工作年限至少 3 年、上岗证复印件、培训及资格确认支撑材料等。

A.2.2 仪器设备

A.2.2.1 计量部件量值核查

本方法验证中，使用仪器设备包括样品采集及现场分析和自动分析仪共计XX套。主要仪器设备情况见表 A.1。

相关仪器设备的检定/校准证书及溯源结果确认等证明材料见附件2。

表 A.1 主要仪器设备

序号	过程	仪器名称	仪器规格型号	仪器编号	溯源情况	溯源结果确认情况	其他*
1	采采样及现场监测		填××	填××	填检定、校准或核查，溯源有效期，不需要溯源的设备填"/"	填合格或不合格	没有填"/"
2	高锰酸盐指数自动分析仪		填××	填××	填具体核查材料	填合格或不合格	没有填"/"

注：*为采样器、加热及冷却条件等信息。

T/SEEPLA 06—2024

A.2.2.2 仪器原理确认

对自动分析仪的原理做详细描述，确认使用的自动分析仪符合 GB 11892 分析方法中酸性法（或及碱性法）的原理。

注：高锰酸盐指数自动分析仪接受模拟人眼对滴定终点的判断，加热方式为水浴加热，可持续沸腾。

A.2.2.3 仪器管理要求

本方法适用高锰酸盐指数自动分析仪其结构见图 A.1。对自动分析仪张贴仪器管理卡见图 A.2。

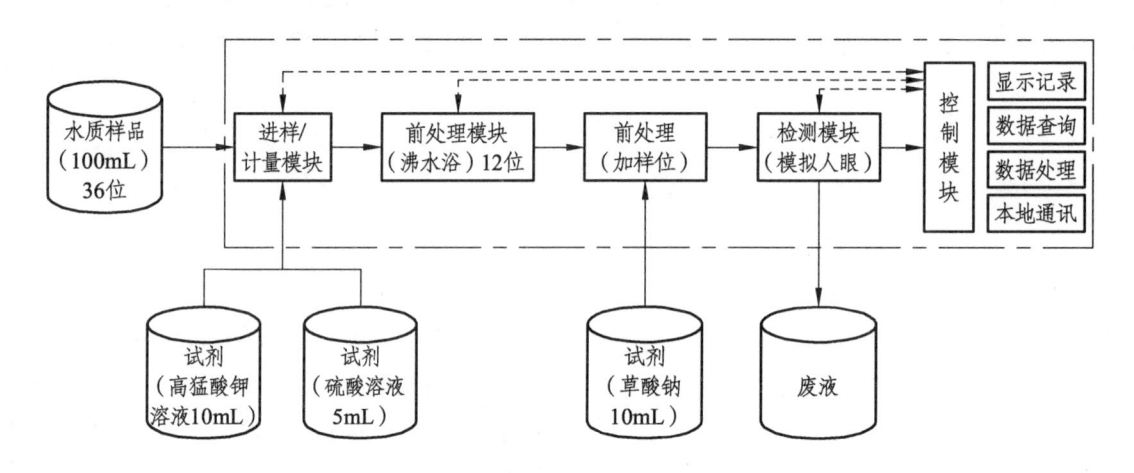

注：多个前处理位的自动分析仪应将前处理位进行编号，画出示意图。

图 A.1 高锰酸盐指数自动分析仪结构图

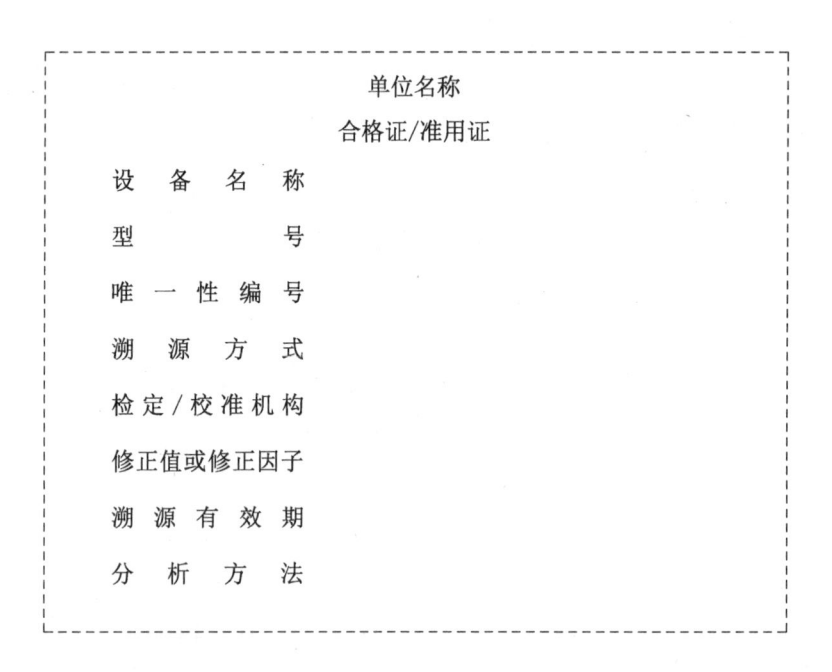

```
单位名称
合格证/准用证

设 备 名 称
型        号
唯 一 性 编 号
溯 源 方 式
检 定 / 校 准 机 构
修 正 值 或 修 正 因 子
溯 源 有 效 期
分 析 方 法
```

图 A2 高锰酸盐指数自动分析仪管理卡

A.2.2.4 仪器分析条件

参考 GB 11892 标准方法，根据自动分析仪实际分析情况，选择最佳的实验参数条件，并进行设置。

注：实验参数条件可以表格列出，后续编号顺延。仪器条件应与原记录中实际分析条件一致。

A.2.2.5 检测数据表征

提供可以用于计算的一切数据结果信息，包括取样量、加入的试剂量、滴定终点体积等，且提供的数据带入分析方法标准公式，计算出检测结果与仪器提供的检测结果一致（包括样品未经稀释和经稀释两种情况）。

A.2.3 标准物质及关键试剂耗材

本方法验证中使用的标准物质、关键试剂耗材情况见表 A.2，有证标准物质证书、关键试剂耗材验收材料见附件 3。

表 A.2 标准物质及关键试剂耗材

序号	过程	名称	生产厂家	技术指标（规格/浓度/纯度）	证书/批号	标准物质是否在有效期内	关键试剂耗材验收是否合格
1	采样及现场监测		填××		填××		
			填××		填××		
2	自动分析过程		填××		填××		
			填××		填××		

A.2.4 环境条件

本方法验证中，环境条件记录情况见表 A.3，相关环境条件记录资料见附件 4。

表 A.3 环境条件记录情况

序号	过程	环境条件记录项目	环境条件记录情况	是否满足标准/使用要求	备注
1	高锰酸盐指数自动分析仪				

注：对影响水质高锰酸盐指数自动分析仪正常使用和检测数据质量的关键环境条件（气压、水浴温度）进行记录，确认是否满足标准方法要求。

A.2.5 技术支撑

实验室按照 GB 11892 分析方法要求编制了作业指导书和分析原始记录。

c）作业指导书：本方法使用高锰酸盐指数自动分析仪，编制高锰酸盐指数自动分析仪操作技术规程（编号），内容包含高锰酸盐指数自动分析仪的参数设置、开机关机流程、使用及维护工作、环境条件要求、期间核查规定等，见附件 5。

d）分析原始记录：本方法使用高锰酸盐指数自动分析仪，编制自动分析仪分析原始记录（编号），满足记录信息的全面性、准确性，确保检测数据的溯源性，见附件 5。

A.3 自动分析仪整体性能验证

A.3.1 整体效果验证

在进行样品分析测试前，须对水浴氧化分析模块中每个处理位及连续进样滴定模块的序列工作进行效果考察。使用高、低浓度的有证标准样品，测定结果表 A.4。

表 A.4 整体效果验证（标准样品）

前处理位编号	标准样品编号（ ）	测定结果（单位）	是否满足要求
1			
2			
……			
标准值范围：			

经验证，对有证标准样品（编号为×××和×××）进行重复性测定，所有前处理位测定结果均在其保证值范围内（××号前处理位测定结果不在其保证值范围内），符合标准方法要求，相关验证材料见附件 6。

A.3.2 残留考察（必要时）

选择高浓度标准样品（浓度为×× mg/L），测定后使用同一反应杯分析空白样品，测定结果见表 A.5。

表 A.5 残留考察

序号	测定样品	标准溶液浓度	空白测定结果	残留警戒值
1	标准溶液 1			
2	标准溶液 2			
3	标准溶液 3			
……				
本分析方法的检出限为：				

经验证，分析浓度为×× mg/L 标准样品后，在同一反应杯分析空白样品，空白测定结果均满足

GB 11892（要求低于检出限），相关验证材料见附件 6。

注：不具有自动定量取样功能的高锰酸盐指数自动分析仪可不进行残留考查。

A.4 方法性能指标验证

A.4.1 空白测定值及标定

按照分析方法标准规定进行至少两个实验室空白样品测定和标定。实验室空白测定结果及标定情况见表 A.6，相关验证材料见附件 7。

表 A.6 空白/标定

序号	空白样品测定结果（单位）	标定结果（k）	是否符合标准要求
1			
2			
……			

经验证，实验室空白测定结果及标定结果满足要求，相关验证材料见附件 8。

A.4.2 方法检出限及测定下限

按照 HJ 168 附录 A.1（a），按照样品分析的全部步骤，在 7 个前处理位（水浴加热位）分析空白样品，将测定结果换算为样品的浓度，按公式（A.1）计算方法检出限。以 4 倍的检出限作为测定下限，检出限及测定下限计算结果见表 A.7。

$$MDL = t_{(n-1, 0.99)} \times S \quad \cdots\cdots\cdots\cdots\cdots\cdots\cdots\cdots\cdots (A.1)$$

式中：

MDL——方法检出限；

$t_{(n-1, 0.99)}$——自由度为 $n-1$，置信度为 99% 时的 t 分布（单侧）的系数；

S——n 次重复测定的标准偏差。

表 A.7 方法检出限及测定下限

平行样品号	测定值（单位）
1	
2	
3	
4	
5	
6	

表A.7 方法检出限及测定下限（续）

平行样品号	测定值（单位）
7	
……	
平均值 $\bar{x}$	
标准偏差 S	
方法检出限	
测定下限	
标准中检出限要求	
标准中测定下限要求	

经验证，高锰酸盐指数自动分析方法检出限和测定下限符合 GB 11892 的要求，相关验证材料见附件8。

A.4.3 精密度

A.4.3.1 重复性

固定同一前处理位（水浴加热位），按照自动分析仪全程序操作，选用1个实际样品进行6次重复测定，计算相对标准偏差，测定情况见表A.8。

A.4.3.2 平行性

选择6个前处理位（水浴加热位），按照自动分析仪全程序操作，选用1个实际样品进行6个平行测定，计算相对标准偏差，测定情况见表A.8。

表A.8 精密度测定

样品号		样品浓度（单位）	
		重复性	平行性
测定结果（单位）	1		
	2		
	3		
	4		
	5		
	6		
平均值 $\bar{x}$（单位）			
标准偏差 S（单位）			
相对标准偏差（%）			
规范要求的相对标准偏差（%）			

经验证，对浓度为××mg/L的地表水实际样品分别进行 6 次重复性和平行性测定，相对标准偏差为××%和××%，满足规范中重复性和平行性要求。相关验证材料见附件 9。

A.4.4 正确度

任选 3 个前处理位，采用低、高不同浓度有证标准物质测定 3 次。××标准样品的正确度测定结果见表 A.9。

表 A.9 正确度测定（有标准样品）

平行样品号	标准样品测定浓度（单位）	
	样品名称/编号	样品名称/编号
1		
2		
3		
平均		
标准样品浓度 μ*（单位）		

注：*为标准样品的标准值±不确定度（K=2）。

经验证，对编号为×××标准样品进行 3 次重复测定，测定结果均在给定浓度范围内，符合 GB 11892 的要求，相关验证材料见附件 10。

A.5 人机比对

选用高、低两个不同浓度有证标准样品，以及饮用水、水源水、地表水和地下水四种实际样品中的任意两个样品做人机比对，以手工分析结果作为真值计算相对误差，测定结果见表 A.10。

表 A.10 人机比对

样品编号	样品来源/名称	手工测定结果（单位）	自动分析仪测定结果（单位）	相对误差（%）
1	有证标准样品 1			
2	有证标准样品 2			
3	饮用水 1			
4	水源水			
5	地表水			
6	地下水			

经验证，对不同浓度有证标准样品以及实际样品做人机比对，以手工分析结果作为真值计算相对

误差均≤15%，满足规范要求。相关验证材料见附件11。

A.6 实际样品测定

A.6.1 样品采集和保存

按照 GB 11892 和 HJ 91.2 的要求进行地表水样品的采集和保存，样品采集和保存情况见表 A.11。

表 A.11 样品采集和保存

序号	样品类型	采样依据	样品保存方式
1	地表水	HJ91.2，GB 11892	加硫酸至 pH1~2，0℃~5℃
2			

经验证，本实验室 XX 样品采集和保存能力满足 GB 11892 要求，样品采集、保存和流转相关证明材料见附件 12。

A.6.2 样品测定结果

对采集的地表水样品测定结果见表 A.12，相关原始记录见附件 12。

表 A.12 实际样品测定

样品类型	分析方法	测定结果（单位）
地表水	GB 11892	

A.7 验证结论

综上所述，本实验室人员通过培训，依据 GB 11892 进行高锰酸盐指数自动分析方法验证和实际样品测试，所用自动分析仪器设备、标准物质、关键试剂耗材、采取的质量保证和质量控制措施，以及经验证测试得出的方法检出限、测定下限、精密度和正确度，均满足标准方法相关要求，验证合格。

附件 1　验证人员培训、资格确认及持证情况等证明材料
附件 2　仪器设备的溯源证书及结果确认等证明材料
附件 3　有证标准物质证书及关键试剂耗材验收材料
附件 4　环境条件原始记录
附件 5　作业指导书及分析原始记录
附件 6　系统整体效果验证（标准样品）和残留考察记录

附件 7　　实验室空白样品测定和标定记录
附件 8　　检出限和测定下限验证原始记录
附件 9　　精密度验证原始记录
附件 10　　正确度验证原始记录
附件 11　　人机比对验证原始记录
附件 12　　实际样品分析等相关原始记录和监测报告

参考文献

[1] GB/T 5750.3 生活饮用水标准检验方法 第3部分：水质分析质量控制

[2] GB/T 32465 化学分析方法验证确认和内部质量控制要求

[3] GB/T 35655 化学分析方法验证确认和内部质量控制实施指南 色谱分析

[4] HJ/T 100 高锰酸盐指数水质自动分析仪技术要求

[5] HJ 164 地下水环境监测技术规范

[6] HJ 630 环境监测质量管理技术导则

[7] RB/T 208 化学实验室内部质量控制 比对试验

ICS 13.060.01
CCS Z 10

团 体 标 准

T/SEEPLA 07—2024

实验室方法验证技术规范 水质化学需氧量自动分析仪

Guidance on verification in laboratory water quality automatic analyzer of chemical oxygen demand

2024－08－19发布　　　　　　　　　　　　　　　　2024－08－19实施

四川省生态环境政策法制研究会　发　布

目 次

前言 ·· 119
1 范围 ··· 120
2 规范性引用文件 ·· 120
3 术语和定义 ··· 120
4 自动分析仪方法验证 ··· 121
附录 A （资料性）化学需氧量自动分析仪方法验证报告 ···································· 127
参考文献 ··· 136

T/SEEPLA 07—2024

前 言

本文件按照 GB/T 1.1—2020《标准化工作导则 第1部分：标准化文件的结构和起草规则》的规定起草。

本文件由四川省生态环境监测总站和四川省成都生态环境监测中心站联合提出。

本文件由四川省生态环境政策法制研究会归口。

本文件起草单位：四川省成都生态环境监测中心站、四川省生态环境监测总站。

本文件验证单位：四川省凉山生态环境监测中心站、四川省阿坝生态环境监测中心站、四川省宜宾生态环境监测中心站、四川省德阳生态环境监测中心站、四川省遂宁生态环境监测中心站、成都市污染源中心金牛监测站。

本文件主要起草人：侯晓玲、史箴、王萍、李亚琴、屈秋、万旭、陈勇、陈燕梅、刘宇嘉、程小艳、常丽萍、冯欣怡、唐微微、欧发刚、唐瑜、范力。

T/SEEPLA 07—2024

实验室方法验证技术规范 水质化学需氧量自动分析仪

1 范围

本文件给出了实验室水质化学需氧量自动分析仪开展检测工作前，对自动分析仪系统适应性、自动分析仪的特性、方法特性指标、人机比对等进行验证的要求。

本文件适用于实验室水质化学需氧量自动分析仪使用前开展方法验证。

2 规范性引用文件

下列文件中的内容通过文中的规范性引用而构成本文件必不可少的条款。其中，注日期的引用文件，仅该日期对应的版本适用于本文件；未注日期的引用文件，其最新版本（包括所有的修改单）适用于本文件。

HJ 91.1　污水监测技术规范
HJ 91.2　地表水环境质量监测技术规范
HJ 168　环境监测分析方法标准制订技术导则
HJ 828　水质 化学需氧量的测定 重铬酸盐法

3 术语和定义

下列术语和定义适用于本文件。

3.1

化学需氧量 chemical oxygen demand（CODcr）

在一定条件下，经重铬酸钾氧化处理时，水样中的溶解性物质和悬浮物所消耗的重铬酸盐相对应的氧的质量浓度，以 mg/L 表示。

3.2

自动分析仪方法验证 method metrification for automatic analyzer

提供客观有效的证据，证明实验室使用自动分析仪出具的检测数据满足对应分析方法标准的要求。

3.3
人机比对 man-machine comparison

指将人工与自动分析仪测定结果进行比较,衡量自动分析仪测定结果的准确性。

3.4
前处理位 pre-processing station

指在水质化学需氧量自动分析仪的构成中,实现样品前处理(消解)的部件单元,包括单个或多个前处理的位置。

3.5
正确度 trueness

多次重复测量所测得的量值与 1 个参考量值的一致程度。

3.6
空白试验 blank test

指对不含待测物质的样品,用与实验室样品同样的操作步骤进行的试验。对应的样品称为空白样品,简称空白。

4 自动分析仪方法验证

4.1 方法验证的时机

开展方法验证的时机包括但不限于实验室在首次使用水质化学需氧量自动分析仪之前。当自动分析仪进行较大维修或更换主要零部件,再次投入使用之前,均应重新进行方法验证。

4.2 系统适应性

符合 HJ 828,水样中加入已知量的重铬酸钾溶液,并在强酸介质下以银盐作催化剂,经沸腾回流后,以试亚铁灵为指示剂,用硫酸亚铁氨滴定水样中未被还原的重铬酸钾,由消耗的重铬酸钾的量计算出消耗氧的质量浓度。确定水质化学需氧量自动分析仪分析原理、仪器构成、分析条件、验证人员、试剂耗材和标准物质、环境和技术支撑等方面满足 HJ 828 要求和特定检测过程的要求。

4.2.1 人员

实验室应安排具有从事 HJ 828 分析方法经历的人员负责方法验证计划的制定和实施。参加方法验证的人员应接受拟验证方法的相关培训,熟悉和掌握标准方法原理、仪器使用和维护、试验步骤、数据处理方法以及质量控制技术等。

4.2.2 标准物质及关键试剂耗材

按照 HJ 828 的要求准备试剂、耗材和标准物质。应考虑试剂材料与水质化学需氧量自动分析仪的分析条件的适应,对关键试剂重铬酸钾需要按分析方法标准要求进行验收。

4.2.3 环境条件

大气压对化学需氧量自动分析仪前处理位回流装置的冷凝方式有影响,应记录分析时的实际环境条件,选择合适的冷凝方式。

4.2.4 仪器设备

提供材料证明水质高锰酸盐指数自动分析仪满足下列要求。

a) 仪器原理确认:按照 HJ 828 对水质化学需氧量自动分析仪进行原理确认,接受模拟人眼对滴定终点的判断。

b) 量值核查:开展水质化学需氧量自动分析仪整机或计量部件校准或核查。注射进样模块的试剂加入量精度(重铬酸钾)±0.015 mL。滴定模块的滴定精度±0.05 mL。

c) 仪器管理要求:按照仪器管理要求建立仪器设备档案,设备标签中包含仪器构成简图、对应分析方法标准等信息。

d) 仪器分析条件:根据仪器实际分析情况,选择最佳的实验参数条件,并进行设置,仪器关键条件(如取样量、试剂量、加热条件、加热时间等)应与 HJ 828 一致。

e) 检测数据表征:水质化学需氧量自动分析仪应提供分析方法标准计算所需要的数据信息,包括取样量、加入的试剂量、滴定终点体积等,且将提供的数据带入分析方法标准公式,计算出的检测结果与仪器提供的检测结果应一致。

化学需氧量的质量浓度 ρ(mg/L)按公式(1)计算:

$$\rho = \frac{C \times (v_0 - v_1) \times 8000}{v_2} \times f \quad\quad\quad\quad (1)$$

式中:

C ——硫酸亚铁铵标准溶液的浓度,mol/L;

v_0 ——空白试验所消耗的硫酸亚铁铵标准溶液的体积,mL;

v_1 ——水样测定所消耗的硫酸亚铁铵标准溶液的体积,mL;

v_2 ——加热回流时所取水样的体积,mL;

f ——样品稀释倍数;

8000——1/4 O_2 的摩尔质量以 mg/L 为单位的换算值。

硫酸亚铁铵标准溶液浓度 C 按公式(2)计算:

$$C(\text{mol}/\text{L}) = (5.0\ \text{mL} \times C_0)/V \quad\quad\quad\quad\quad\quad (2)$$

式中：

C_0——重铬酸钾标准溶液的浓度，mol/L；

V——滴定时消耗硫酸亚铁铵溶液的体积，mL。

4.2.5 技术支撑

实验室应按照 HJ 828 的要求编制作业指导书和分析原始记录。

a) 作业指导书：应编制水质化学需氧量自动分析仪操作技术规程，内容包含自动分析仪的参数设置、开机关机流程、使用及维护工作、环境条件要求、期间核查规定等。

b) 分析原始记录：应编制水质化学需氧量自动分析仪专用分析原始记录，满足记录信息的全面性、准确性，确保检测数据的溯源性。如果自动分析仪能提供满足信息要求的原始记录表单，可纳入体系文件受控管理并使用。

4.3 自动分析仪整体性能验证

4.3.1 整体效果验证

在进行样品分析测试前，每个前处理位均应使用有证标准样品做验证（在方法标准的检测范围内，至少包括低浓度和高浓度有证标准样品），结果均须在保证值范围。若结果不在保证值范围，应进行二次验证。若该前处理位的两次测定结果均无法满足保证值要求，应在维修后再验证。

4.3.2 残留考察

分别对低浓度分析模块（适用范围：COD_{Cr} 浓度≤50 mg/L）和高浓度分析模块（适用范围：50 mg/L<COD_{Cr} 浓度≤700 mg/L）进行考察，若仪器只有 1 个分析模块或实际工作中只涉及一种浓度范围的样品，可只做该浓度范围内的残留考察。连续分析接近分析模块测定上限浓度样品和空白样品，空白样品测定结果应符合方法标准中空白样品的要求（分析方法标准未要求的，一般低于方法检出限）；若空白样品结果不满足要求，逐级降低测试浓度进行考察。当空白样品满足要求时，记录考察的样品浓度，以此浓度作为残留警戒值。至少测试一组平行样品。

实际样品分析过程中，高于残留警戒值浓度的样品，其后续样品结果存疑，应复测。不具有自动定量取样功能的化学需氧量自动分析仪可不进行残留考察

4.4 方法性能指标验证

4.4.1 方法检出限及测定下限

按照 HJ 168 附录 A.1.1（b），取浓度值为估计方法检出限值 3~5 倍的样品进行方法检出限验证，测定检出限应达到 HJ 828 的要求。以 4 倍检出限作为测定下限。若新颁布分析方法标准另有要求，可

参照开展方法检出限验证和评判。

验证实验中，按照样品分析的全部步骤，重复至少 7 次平行样品分析。原则上，平行样品需放置在不同前处理位：如前处理位数≤7，则样品平行测定次数 n=7，覆盖所有前处理位；如果前处理位数>7，至少选择不同的 7 个前处理位，t 值经查阅得到，按公式（3）计算方法检出限。

$$MDL = t_{(n-1,0.99)} \times S \quad \cdots\cdots\cdots\cdots\cdots\cdots\cdots\cdots\cdots\cdots（3）$$

式中：

MDL——方法检出限；

$t_{(n-1,0.99)}$——自由度为 n-1，置信度为 99%时的 t 分布（单侧）的系数，t_6=3.143；

S——n 次重复测定的标准偏差。

以 4 倍检出限作为测定下限。

4.4.2 测定范围

首选测试浓度如下。

a）低浓度分析模块：测定浓度为 15 mg/L～17 mg/L、48 mg/L～50 mg/L 的有证标准样品（n=3），若没有相应浓度的有证标准样品，可采用邻苯二甲酸氢钾基准试剂配制标准溶液。

b）高浓度分析模块：测定浓度为 50～52 mg/L、700 mg/L 的有证标准样品（n=3），若没有相应浓度的有证标准样品，可采用邻苯二甲酸氢钾基准试剂配制标准溶液。

若在首选的浓度范围中测试标准样品不满足准确度要求，则需调整测试浓度，直至测试样品满足有证样品准确度要求。参考有证标准样品统计，本文件规定 15～17 mg/L 自配标液不确定度为理论真值的±15%；48～52 mg/L 自配标液不确定度为理论真值的±6%；700 mg/L 自配标液，不确定度为理论真值的±8%。

4.4.3 精密度

随机选取 6 个不同的前处理位，按照分析方法标准要求，采用实际样品进行测定，计算相对标准偏差。

在标准方法适用范围内，选择高、低浓度有检出的实际样品，分别对低浓度分析模块（适用范围：COD_{Cr} 浓度≤50 mg/L）和高浓度分析模块（适用范围：50 mg/L<COD_{Cr} 浓度≤700 mg/L）进行精密度考察。若仪器只有 1 个分析模块或实际工作中只涉及一种浓度范围的样品，可只做该浓度范围内的精密度考察。在验证时，应尽可能涵盖时间、人员、检测中使用的试剂和消耗品、环境条件、其他不可控的微小因素的影响。

用实际样品进行测定，针对同一个样品，随机选取 6 个不同的前处理位，按照分析方法标准要求，计算相对标准偏差。

实验室内有证标准样品 6 次测定结果相对标准偏差应满足≤10%要求。实际样品 6 次测定结果相对标准偏差应满足：当实际样品分析结果高于 16 mg/L（包含）时，相对标准偏差≤10%；当实际样品分析结果低于 16 mg/L 时，相对标准偏差≤15%。

4.4.4 正确度

采用高、低浓度有证标准物质，分别对低浓度分析模块（适用范围：COD_{Cr} 浓度≤50 mg/L）和高浓度分析模块（适用范围：50 mg/L<COD_{Cr} 浓度≤700 mg/L）进行正确度考察。若仪器只有1个分析模块或实际工作中只涉及一种浓度范围的样品，可只做该浓度范围内的正确度考察。随机选取前处理位，重复测定次数 n≥3，结果应在有证标准物质保证值范围内（$K=2$）。

4.5 人机比对

自动分析与手工分析结果进行比对，采用有证标准样品和实际样品比对两种方式。

有证标准样品选用高、低两个不同浓度；实际样品应覆盖自动分析仪适用的所有类别：包括但不限于地表水、生活污水、工业废水等，每种样品至少两个不同批样品。实际工作中不涉及的类型，可以不考察。以样品手工分析结果为真值，计算自动分析与手工分析结果的相对误差，见计算公式（4）。实验样品人机比对相对误差范围：当样品浓度低于 HJ 828 方法测定下限时，相对误差≤30%；当样品浓度高于 HJ 828 方法测定下限浓度时，相对误差≤10%。

$$RE_i = \frac{\left| A_{\overline{x_i}} - B_{\overline{x_i}} \right|}{B_{\overline{x_i}}} \times 100\% \quad \cdots\cdots\cdots\cdots\cdots\cdots\cdots\cdots\cdots (4)$$

式中：

$A_{\overline{x_i}}$ ——实验室化学需氧量自动分析仪 3 次测定均值，mg/L；

$B_{\overline{x_i}}$ ——实验室参与方法验证人员按照 HJ 828 手工测定 3 次均值，mg/L；

RE_i ——相对误差，%。

4.6 实际样品监测

监测对象为实际样品，在标准方法适用范围内的每种基质类型中，至少选择1个有检出的实际样品进行测定，应尽量选择与精密度验证不同的样品。

方法性能指标验证合格后，在机构内部按照自身管理体系要求开展一次完整的监测活动，包括但不限于：样品采集和保存、样品制备、分析测试、质量控制、结果计算和出具监测报告等。

4.7 方法验证报告的编制

4.7.1 审核与批准

方法验证的过程及结果应形成报告，并经技术审核和批准。

4.7.2 内容

方法验证报告的内容应至少包括：方法名称、适用范围，系统适应性确认结果，自动分析仪特性验证结果，方法性能指标验证结果，人机比对结果，实际样品监测过程与结果，方法验证结论，报告编制人、审核人、批准人的识别及日期等。具体见附录 A。

4.7.3 记录

方法验证过程中应记录的内容至少包括：验证人员的培训和技术能力确认的相关记录，验证所用仪器设备的相关信息，标准物质及关键试剂耗材的验收记录，环境条件监控的相关记录，自动分析仪特性指标验证的相关记录，方法性能指标验证相关记录，实际样品采集、保存、流转、前处理、分析和质量控制的相关记录，监测报告等。

4.7.4 保存

保存方法验证报告和全过程的记录，确保方法验证过程可追溯，验证结果可复现。

附 录 A
（资料性）
化学需氧量自动分析仪方法验证报告

A.1 方法名称及适用范围

方法名称及编号，测定指标以及适用范围。

A.2 系统适应性

A.2.1 人员

参加方法验证人员（××人）通过了单位组织的培训和能力确认，相关验证人员培训、能力确认及持证情况等证明材料见附件1。

注：附件1中包括人员职称、所学专业、参加相关监测工作年限至少3年、上岗证复印件、培训及能力确认支撑材料等。

A.2.2 标准物质及关键试剂耗材

本方法验证中使用的标准物质、关键试剂耗材情况见表A.1，有证标准物质证书、关键试剂耗材验收材料见附件3。

表 A.1 标准物质及关键试剂耗材

序号	过程	名称	生产厂家	技术指标（规格/浓度/纯度）	证书/批号	标准物质是否在有效期内	关键试剂耗材验收是否合格
1	采样及现场监测		填××		填××		
			填××		填××		
2	前处理		填××		填××		
			填××		填××		
3	自动分析过程		填××		填××		
			填××		填××		

A.2.3 环境条件

本方法验证中，环境条件记录情况见表A.2，相关环境条件记录资料见附件4。

表 A.2 环境条件记录

序号	过程	控制项目	环境条件控制要求	实际环境条件	是否满足标准/使用要求
1	采样及现场监测				
2	预处理				
3	自动分析仪				

注：对影响水质化学需氧量自动分析仪正常使用和检测数据质量的关键环境条件（气压、环境温度）进行监测、控制和记录，确认是否满足标准方法要求。

A.2.4 仪器设备

本方法验证中，使用仪器设备包括样品采集、样品前处理及自动分析仪共计××套。主要仪器设备情况见表 A.3。

表 A.3 主要仪器设备

序号	过程	仪器名称	仪器规格型号	仪器编号	溯源情况	溯源结果确认情况	其他*
1	采样及现场监测		填××	填××	填检定、校准或核查，溯源有效期，不需要溯源的设备填"/"	填合格或不合格	没有填"/"
2	前处理及取样（如有）		填××	填××	填检定、校准或核查，溯源有效期，不需要溯源的设备填"/"	填合格或不合格	没有填"/"
3	自动分析仪		填××	填××	填具体核查材料	填合格或不合格	没有填"/"

注：*为检测器、仪器等级、采样器加热及冷却条件等信息。

A.2.4.1 仪器原理确认

对自动分析仪的原理做详细描述，确认使用的自动分析仪符合《水质 化学需氧量的测定 重铬酸盐法》（HJ 828）分析方法的原理。

注：化学需氧量自动分析仪接受模拟人眼对滴定终点的判断。

A.2.4.2 量值核查

相关仪器设备的检定/校准证书及溯源结果确认等证明材料见附件2。

A.2.4.3 仪器管理要求

本方法适用的自动分析仪，结构见图 A.1。

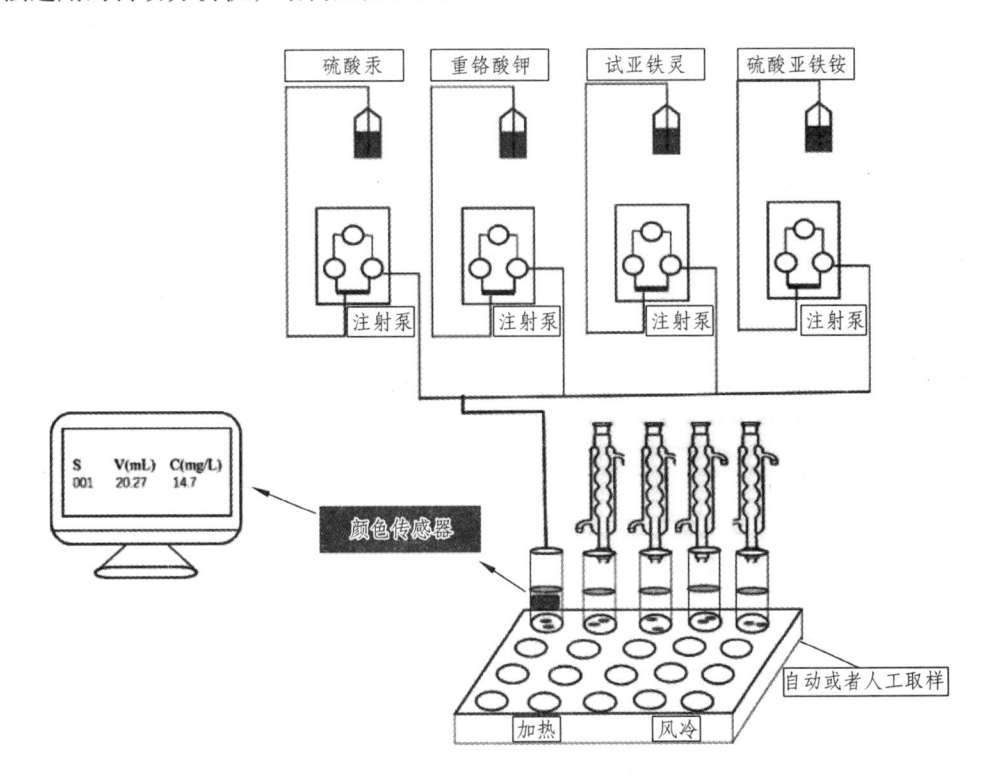

注：多个前处理位的自动分析仪应将前处理位进行编号，画出示意图。

图 A.1 自动分析仪结构简图

A.2.4.4 仪器分析条件

参考 HJ 828，根据自动分析仪实际分析情况，选择最佳的实验参数条件，并进行设置。

注：实验参数条件可以表格列出，后续编号顺延。仪器条件应与原记录中实际分析条件一致。

A.2.4.5 检测数据表征

提供可以用于计算的一切数据结果信息，包括取样量、加入的试剂量、滴定终点体积等，且提供的数据带入分析方法标准公式，计算出检测结果与仪器提供的检测结果一致（包括样品未经稀释和经稀释两种情况）。

A.2.5 技术支撑

作业指导书：本方法使用自动分析仪，编制自动分析仪操作技术规程（编号），内容包含自动分析仪的参数设置、开机关机流程、使用及维护工作、环境条件要求、期间核查规定等，见附件5。

分析原始记录：本方法使用自动分析仪，编制自动分析仪分析原始记录（编号），满足记录信息的全面性、准确性，确保检测数据的溯源性，见附件5。

A.3 自动分析仪整体性能验证

A.3.1 整体效果验证

在进行样品分析测试前，须对分析模块中每个处理位及滴定模块的序列工作进行效果考察。高、低浓度的有证标准样品，每个浓度样品测定次数 n 次（尽可能覆盖所有消解位），测定结果表A.4。

表 A.4 整体效果验证（标准样品）

前处理位编号	标准样品编号（　　）	测定结果（单位）	是否满足要求
1			
2			
……			
标准值范围：			

经验证，对有证标准样品（编号为×××和×××）进行 n 次重复性测定，所有前处理位测定结果均在其保证值范围内（××号前处理位测定结果不在其保证值范围内），符合标准方法要求，相关验证材料见附件6。

A.3.2 残留考察（必要时）

分析浓度为××mg/L 标准样品后，分析空白样品，测试 n（$n≥2$）次，测定结果见表A.5。

表 A.5 残留考察

序号	测定样品	标准溶液浓度	空白测定结果	残留警戒值
1	标准溶液1			
2	标准溶液2			
3	标准溶液3			
……				
本分析方法的检出限为：				

经验证，分析浓度为×× mg/L 标准样品后，分析空白样品各 n 次，空白测定结果均满足 HJ 828

要求（低于检出限），相关验证材料见附件 6。

A.4 方法性能指标验证

A.4.1 方法检出限及测定下限

按照 HJ 168 附录 A.1（a），按照样品分析的全部步骤，在每个前处理位分析空白加标样品，将测定结果换算为样品的浓度，按公式（A.1）计算方法检出限。以 4 倍的检出限作为测定下限，检出限及测定下限计算结果见表 A.6。

$$MDL = t_{(n-1,0.99)} \times S \quad \cdots\cdots\cdots\cdots\cdots\cdots\cdots\cdots\cdots (A.1)$$

式中：

MDL——方法检出限；

$t_{(n-1,0.99)}$——自由度为 $n-1$，置信度为 99%时的 t 分布（单侧）的系数，$t6$=3.143；

S——n 次重复测定的标准偏差。

以 4 倍检出限作为测定下限。

表 A.6 方法检出限及测定下限

平行样品号	测定值（单位）
1	
2	
3	
4	
5	
6	
7	
……	
平均值 $\bar{x}$	
标准偏差 S	
方法检出限	
测定下限	
标准中检出限要求	
标准中测定下限要求	

经验证，化学需氧量自动分析方法检出限和测定下限符合 HJ 828 的要求，相关验证材料见附件 7。

A.4.2 测定范围

低浓度分析模块：测定浓度为×× mg/L、××的有证标准样品（$n=3$）。高浓度分析模块：测定浓度为××、××的有证标准样品（$n=3$）。测定结果见表 A.7。

表 A.7 测定范围测试结果

模块	低浓度测试范围						高浓度测试范围					
测定次数	1	2	3	1	2	3	1	2	3	1	2	3
测定值（单位）												
理论值（单位）												
评价												

经验证，本台化学需氧量自动分析仪低浓度测定范围为××-×× mg/L ，高浓度测定范围为××-×× mg/L。

A.4.3 精密度

随机选取 6 个不同的前处理位，按照自动分析仪全程序操作，对实际样品进行测定，计算相对标准偏差，测定情况见表 A.8。

表 A.8 精密度测定

平行样品号		样品浓度（单位）
		平行性
测定结果（单位）	1	
	2	
	3	
	4	
	5	
	6	
平均值 $\bar{x}$（单位）		
标准偏差 S（单位）		
相对标准偏差（%）		
标准要求的相对标准偏差（%）		

经验证，对浓度为×× mg/L 和×× mg/L 的地表水实际样品分别进行 6 次再现性测定，相对标准偏差为××%和××%，符合 HJ 828 实际样品实验室内精密度要求。相关验证材料见附件 8。

A.4.4 正确度

任选 3 个前处理位,分别对低、高不同浓度有证标准物质重复测定 3 次。××标准样品的正确度测定结果见表 A.9。

表 A.9 正确度测定(有标准样品)

平行样品号	标准样品测定浓度(单位)	
	样品名称/编号	样品名称/编号
1		
2		
3		
平均		
标准样品浓度 μ*(单位)		

注:*为标准样品的标准值±不确定度($K=2$)。

经验证,对编号为×××标准样品进行 3 次重复测定,测定结果均在给定浓度范围内,符合 HJ 828 的要求,相关验证材料见附件 9。

A.5 人机比对

对有证标准样品和实际样品进行人机比对实验。有证标准样品为高、低两个不同浓度,实际样品为地表水、生活污水、工业废水三种类型,每一种类型采集两个不同浓度级别的样品。进行人机比对时,每个样品平行测定 3 次,测定结果为 3 次测定值的均值,以手工分析结果作为真值计算相对误差,测定结果见表 A.10。

表 A.10 人机比对

样品编号	样品来源/名称	手工测定均值(单位)	自动分析仪测定均值(单位)	相对误差(%)
1	有证标准样品 1			
2	有证标准样品 2			
3	地表水 1			
4	地表水 2			
5	生活污水 1			
6	生活污水 2			
7	工业废水 1			
8	工业废水 2			

经验证，对不同浓度有证标准样品，地表水、生活污水、工业废水三种实际样品各两个不同浓度的样品进行人机比对实验，以手工分析结果作为真值计算相对误差，测定结果满足要求，相关验证材料见附件10。

A.6 实际样品测定

A.6.1 样品采集和保存

按照 HJ 828、HJ 91.2 和 HJ 91.1 的要求，选择地表水、生活污水和工业废水其中 1 个样品类型进行采集和保存，样品采集和保存情况见表 A.11。

表 A.11 样品采集和保存

序号	样品类型	采样依据	样品保存方式
1			
2			

经验证，本实验室××样品采集和保存能力满足 HJ 828 要求，样品采集、保存和流转相关证明材料见附件11。

A.6.2 样品测定结果

对采集的实际样品测定结果见表 A.12，相关原始记录见附件11。

表 A.12 实际样品测定

样品类型	监测项目	测定结果（单位）

A.7 验证结论

综上所述，本实验室人员通过培训，依据 HJ 828 进行自动分析方法验证和实际样品测试，所用自动分析仪器设备、标准物质、关键试剂耗材、采取的质量保证和质量控制措施，以及经验证测试得出的方法检出限、测定下限、精密度和正确度，均满足标准方法相关要求，验证合格。

附件1 验证人员培训、能力确认及持证情况等证明材料
附件2 仪器设备的溯源证书及结果确认等证明材料

附件 3　　有证标准物质证书及关键试剂耗材验收材料
附件 4　　环境条件原始记录
附件 5　　作业指导书及分析原始记录
附件 6　　系统效果验证（标准样品）和残留考察记录
附件 7　　检出限和测定下限验证原始记录
附件 8　　精密度验证原始记录
附件 9　　正确度验证原始记录
附件 10　 人机比对验证原始记录
附件 11　 实际样品分析等相关原始记录和监测报告

参考文献

[1] GB/T 5750.3 生活饮用水标准检验方法水质分析质量控制
[2] GB/T 32465 化学分析方法验证确认和内部质量控制要求
[3] GB/T 35655 化学分析方法验证确认和内部质量控制实施指南色谱分析
[4] HJ 212 污染物在线监控（监测）系统数据传输标准
[5] HJ 354 水污染源在线监测系统验收技术规范
[6] HJ 377 化学需氧量（COD_{Cr}）水质在线自动监测仪技术要求及检测方法
[7] HJ 630 环境监测质量管理技术导则
[8] RB/T 208 化学实验室内部质量控制比对试验